U0168202

水与能源纽带关系：理论解析与定量评价

赵　勇　王建华　朱永楠　姜　珊　何国华等　著

科学出版社

北　京

内 容 简 介

水资源和能源是国家发展的基础性、战略性资源，二者联系紧密，相互影响。随着全球人口规模和工业化进程的不断推进，水和能源供需矛盾加剧，协同安全问题逐渐凸显。本书解析了水与能源开发利用的历史演变特征，提出了社会水循环全过程能耗评价方法，研究了全国及典型区水资源开发利用全过程的能源消耗情况。量化了能源开发利用耗水评价方法，分析了水与能源的适配性，研判了单向过程的水能关系。构建了基于一般均衡的水与能源耦合模拟模型，提出了实现水与能源高效协同发展的对策和建议。

本书可供水资源、能源等相关领域的科研人员、高校师生以及水资源与能源规划与管理的技术人员参考。

图书在版编目（CIP）数据

水与能源纽带关系：理论解析与定量评价／赵勇等著. —北京：科学出版社，2023.11
ISBN 978-7-03-064408-4

Ⅰ.①水… Ⅱ.①赵… Ⅲ.①水资源管理–研究–中国 Ⅳ.①TV213.4

中国版本图书馆 CIP 数据核字（2020）第 023523 号

责任编辑：王 倩／责任校对：樊雅琼
责任印制：徐晓晨／封面设计：无极书装

科学出版社 出版
北京东黄城根北街 16 号
邮政编码：100717
http://www.sciencep.com

北京中科印刷有限公司 印刷
科学出版社发行 各地新华书店经销

*

2023 年 11 月第 一 版 开本：787×1092 1/16
2023 年 11 月第一次印刷 印张：12 1/2
字数：300 000

定价：168.00 元
（如有印装质量问题，我社负责调换）

前　　言

　　水资源和能源既是基础性的自然资源，又是战略性的经济资源。水与能源相互依赖也通过多种形式相互制约并相互构成压力。根据联合国预测，全球人口预计在未来 30 年将再增加 20 亿人，一次能源需求增加 30%，发展中国家总用水量将增加 50%，发达国家将增加 18%。在全球气候变化、人口增长和城市化发展等要素的驱动下，水与能源需求的持续增长已成为人类社会保持长期稳定发展必须要应对的重大挑战，研究水与能源之间的纽带关系对于各国都至关重要。

　　中国是一个水资源缺乏的国家，频繁的水灾害、严重的水土流失，以及脆弱的水生态环境，决定了水资源在中国重要意义。特别是工业化、城镇化快速发展，使得水资源供需矛盾日益突出。与此同时，中国不仅是能源生产大国，也是能源消耗大国。在能源结构中，煤炭资源处于基础性地位；虽然能源建设不断加强，仍存在能源利用效率相对较低，能源生产和使用粗放等问题，能源供应安全和能源产业的可持续发展正面临严峻形势。中国水与能源的问题主要体现在水与能源的总需求和人均需求上升、气候变化加剧水与能源跨部门关系的紧张程度、高耗能型用水和高耗水型能源的政策选择。以往研究主要集中在水资源与能源的安全开发和有效供给方面，但中国水资源与煤炭资源呈逆向分布，水资源可利用量和生态环境保护已经对能源的开发形成了明显的约束，同时水资源开发利用中的能源消耗量也不断增加，亟须系统解析二者纽带关系。此外，由于水资源、能源隶属于不同行业和部门，目前针对跨学科、跨行业的交叉与综合研究较为薄弱，更难以提出基于内在互馈机制的跨行业多部门协同保障方案，协同安全管理从理念到实践长期未能得到普及。为此，本书针对水与能源耦合研究领域的重点问题开展研究，围绕京津冀地区、南水北调受水区、西北能源基地进行了系统的调研与典型剖析，并在此基础上开展数据分析和政策研究，凝练并提出水与能源协同安全政策与措施建议，为水与能源的协同安全保障规划和决策提供战略与技术支撑。

　　全书共分 10 章，第 1 章从水资源和能源现状出发，解析了新时期水与能源耦合特征及存在问题；第 2 章从社会水循环全过程角度出发，提出了社会水循环不同环节能耗评价方法；第 3 章以京津冀为研究区，分析了北京、天津、河北重点环节的水与能源耦合关系；第 4 章以南水北调受水区为研究区，探讨了各省份水与能源耦合关系，评价南水北调中线受水区节能效益；第 5 章以全国为研究区，研判水循环各个环节的能耗强度，分析全社会水循环能耗演变特征；第 6 章从能源开发利用角度出发，提出了不同能源类型利用耗水评价方法；第 7 章以西北能源基地为研究区，分析西北能源基地水与能源适配性，提出气候变化情境下供水成本变化情况；第 8 章以全国为研究区，研判不同能源行业用水特征，分析西电东送的水资源影响；第 9 章基于一般均衡原理构建水与能源耦合模拟模型，将水与能源作为资源要素融入国民经济宏观评价与调控体系，评价调整水与能源关系带来的经济影响；第 10 章提出水与能源协同发展的政策建议。

本书撰写人员如下：第 1 章由王建华、姜珊、黄洪伟撰写，第 2 章由姜珊、朱永霞、张丽燕撰写，第 3 章由何国华、姜珊、陆规、王庆明撰写，第 4 章由朱永楠、王庆明、王丽珍撰写，第 5 章由姜珊、李溦、张丽燕撰写，第 6 章由姜珊、朱永楠、翟家齐撰写，第 7 章由何国华、朱永楠、汪勇撰写，第 8 章由朱永楠、李海红、程鹏撰写，第 9 章由姜珊、秦长海、常奂宇撰写，第 10 章由王建华、何国华、何凡、姜珊撰写。全书由姜珊、朱永楠、何国华统稿，赵勇、王建华负责整体策划与全书审定。

本书研究工作得到国家重点研发计划（2016YFE0102400、2018YFE0196000）、国家自然科学基金（52061125101、51809282、52009141、52109042）等项目的共同资助。由于本项研究领域跨越水、能源和大气等多学科，在解析新形势下水与能源纽带关系的过程中，难免存在较多的不确定性和不可预见性，期待相关领域科学家及广大读者给予批评和指导。

作者

2023 年 6 月

目　　录

第1章 我国水与能源纽带关系解析

1.1 研究背景

　　水与能源是现代文明的重要组成部分，它们不仅是工农业生产的珍贵资源，也是满足人类粮食、住所、保健和教育等需求的必要条件。在经济全球化背景下，人口增长、经济发展正在不断扩大全球对水与能源的巨大需求。根据联合国 2019 年《世界人口展望》报告，全球人口预计在未来 30 年将再增加 20 亿，从 2019 年的 77 亿增加至 2050 年的 97 亿；到 21 世纪末，全球人口将继续增长至 110 亿左右。与此同时，2050 年全球能源和水资源需求将较 2019 年分别增加 25% ～ 58% 和 20% ～ 30%（WWAP，2019；van Ruijven et al.，2019）。在全球气候变化、人口增长和城镇化等要素的驱动下，水与能源需求的持续增长将是人类社会保持长期稳定发展必须要应对的重大挑战。水与能源紧密相连，两者之间存在复杂的互馈特征。近年来水与能源纽带关系研究一直是科学界、大众媒体及政府机构关注的热点。水与能源可以通过多种方式对社会产生影响，一方面，水资源可以用来产生电力，还可以用于煤炭、石油等燃料的开采，并在生产乙醇等生物燃料的能源作物方面发挥日益重要的作用；另一方面，水行业利用电力进行水资源的输送、运输、处理、分配、加热和废水处理，大型水利建设项目需要大量的混凝土和钢铁，能耗量巨大。除此之外，全球预期人口增长率较高和经济发展较快的国家通常位于水资源短缺地区，为了实现水资源的供需平衡，世界各国大力发展海水淡化或废水处理来满足不断发展的农业、工业、能源、生活等快速增长的用水需求，而这些措施都将消耗巨大的能源。由于水资源的短缺，目前在维护各国能源安全、能源利用效率以及可持续性使用能力等方面，水足迹已成为比碳足迹更重要的因素。

　　资源禀赋、生产能力和消费规模的不匹配、不平衡，是整个地区乃至国家水与能源难以协同保障的根本原因。在这个意义上，水与能源的高消耗区正是造成资源供需失衡的核心策源区，而且往往也是资源保障程度要求最高、保障情势最为复杂的地区。中国北方大部分地区长期缺水的现实，能源生产过程中的水资源消耗已经有了较全面的研究，尤其在黄河流域、西北内陆河流域等地区。但对水与能源在消费过程中的互馈关系，以及水资源的取用、调运、处理过程的能耗情况等研究仍较为缺乏，导致对水与能源系统的整体性认知仍十分薄弱，更难以提出基于内在互馈机制的跨行业多部门协同保障方案。根据本书课题组前期研究，发现全国社会水循环（包括对水资源的取、用、耗、排等过程）能量消耗总量为 1.1 万亿 kW·h，约占全国总用电量的 19%。其中，用水系统能量消耗最多，相当于整个社会水循环用水能耗过程的 87%（姜珊，2017）。再如，南水北调工程由于对受水区地下水压采的贡献，到 2020 年可减少耗电量 10 亿 kW·h（Zhao et al.，2017）。这表明从更为全面的视角认识和构建全要素的水与能源耦合关系，并在此基础上提出协同保障方案十分重要。

1.2　国内外研究进展

自从 2014 年《世界水发展报告 2014：水与能源的联系》发布，呼吁各国政府在制定能源发展政策时考虑当地的水资源承载能力以来，水与能源问题引起全球关注，在 Web of Science 数据库搜索 2007~2019 年 Water and Energy 标题，出现 6560 篇相关文献。研究内容主要分两类：一类是从水资源、能源角度出发，从宏观资源分析两者之间的关系；另一类是以水分子为研究对象，从微观研究水分子化学反应。在这些文章中，Study、Analysis、Evaluation、Method、Assessment、Medol、Effect、Comparison 等关键词出现频率较大，说明目前对于水与能源的研究更注重方法层面的讨论。其次是 Transfer、Nexus、System、Efficiency、Potential、Use、Development、Simulation 等关键词（图 1-1）。所以国内外对于水与能源的研究更多地集中在能源开发过程中水资源的利用情况，包括传统能源的开发和新能源的开发、水资源开发利用过程中的能源消耗情况。而水与能源系统关系的研究主要是从经济角度、物理机制和管理决策等方面来展开，以环节用水和能源消耗之间的相互关系为基础来进行部门发展、政策制定、战略布局等分析。

1.2.1　水在能源生产中的价值

水足迹的概念出现在 21 世纪初，是荷兰学者 Hoekstra 在完善和发展虚拟水理论的基础上提出，能够真实地反映社会经济活动单元对水资源的需求和占用情况（Hoekstra，2003）。水足迹是指任何已知人口（一个国家、地区）在一定时间内因消费产品及服务所需要的水资源数量（Okadera et al.，2014）。目前的研究主要利用水足迹来定量化采掘行业、电力生产及生产燃料过程的水资源利用情况，如煤炭、天然气、原油、铀、生物质燃料生产、转化、分配及利用过程的水足迹。Gerbens-Leenes 等（2008）估算的煤各种生产工序用水量约为 0.164m³/GJ，且地下开采作业的煤炭用水量大于露天开采；原油平均用

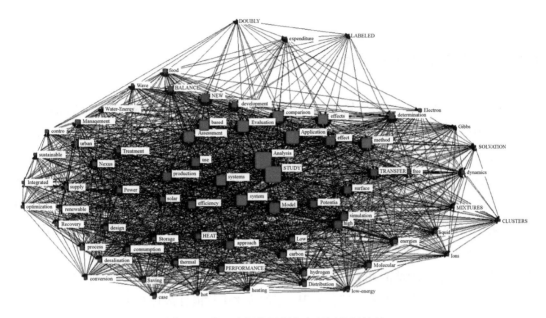

图 1-1　关于水与能源研究高频词分析情况

水量约为 1.058m³/GJ。世界能源理事会（World Energy Council，WEC）预计北美及中美的非传统原油生产将会增加，其耗水量是传统原油生产过程的 2.5～4 倍（WEC，2010）。Webber（2007）研究显示美国整个国家火电行业平均每生产 1kW·h 电量的取水量超过80L，而耗水量则为 2L。但火电厂的取水量和耗水量受火电厂所使用的燃料类型和电力循环方式以及冷却方法影响（Stamford and Azapagic，2012）。Ayres（2014）研究了德国运输燃料的水足迹，发现如果德国公路运输部门实现 10% 的生物燃料混合使用，将导致燃料运输部门的水足迹增加 64%。中等收入国家发电厂的用水量较少，农业部门的用水量较多；而高收入国家则正好相反（Ackerman and Fisher，2013）。

　　研究人员对中国能源开发利用的用水情况开展了相关研究。对于传统能源的开发利用，宋轩等（2008）通过对中国火电厂取水量的统计，分析了火力发电取用水的现状和特点，并预测了火电取用水定额，为 16.8kg/(kW·h)。中国科学院地理科学与资源研究所对北京市的 5 家电力企业进行了调查，发现间接冷却水占电力行业用水构成的 95% 左右（左建兵等，2008），发展高效冷却水技术是火力发电节水技术的重点。Shang 等（2016）分析了西部能源基地的水供应情况，发现西北地区无法充分满足燃煤火电行业的用水量。除了传统能源生产，也有学者对新能源开发利用的用水关系进行了研究。Yang 等（2009）研究指出，为实现中国生物燃料 2020 年发展目标，中国需要投入 5%～10% 的耕地以及每年 32～72km³ 的用水量，当前的生物燃料发展路径可能对中国的粮食供应、贸易及环境产生重大影响。王婷等（2013）从全生命周期的角度分析了油菜籽生物柴油耗水量，生产 1t

油菜籽生物柴油总耗水量为4391t。

1.2.2　水资源开发利用中的能源投入

水系统分为取水、处理、输送、分配、供应、再处理及排放等阶段（Twomey and Webber，2011）。水的能源使用强度受到水源质量、水处理设备能力以及供水距离等影响，为达到安全饮用标准，需要向水源地取水，在水厂进行处理，向终端用户输送，终端用户根据个人的需要对水进行加热、冰镇或者加压等。由于不同水源的质量不同，水在生产、处理及输送过程所消耗的能量也不同，Stillwell 等（2011）研究认为美国生产1m³地表水消耗能量0.06kW·h；从40m的深处抽取1m³的水需要消耗约0.140kW·h的电能，从120m的深处抽取1m³的水需要消耗约0.5kW·h的电能。Shannon 等（2008）利用反渗透膜进行了脱盐处理，最低能耗680kW·h/m³。而在废水处理过程中也需要消耗大量的能源，如利用滴滤处理进行需氧处理，处理1m³的废水平均能耗超过0.15kW·h；采用过滤及硝化方案的先进废水处理技术，处理1m³的废水消耗0.4~0.5kW·h的电能。密歇根大学可持续体系中心（Center for Sustainable Systems，University of Michigan）2022年发现较为先进的污泥处理及加工技术的能耗占废水处理厂能耗的30%~80%。

近几年中国对水资源开发利用过程的能耗情况研究较为丰富。Li 等（2016）基于桑基图分解和量化国家层面能源和水资源的流向情况，总结在水资源提取、处理、分配和污水处理过程中需要消耗193TW·h的电能，约占全国用电量的4%。高津京（2012）研究发现中国用于水资源开采、输送、分配、污水处理等过程的电力消耗达到2964亿kW·h，2050年供水量将比2010年增加34%，相应电量将增加61%。此外，对水资源开发利用中的某一过程也进行了较为详细的研究。例如，沈恬等（2015）通过典型测试和问卷调查，估算9个城市的家庭用水能耗在11.04~20.78kW·h/m³。Lu 和 Chen（2016）分析了城镇工业系统中的耗水强度，其中制造业的耗水强度较大，约为54.35m³/t。杨凌波等（2008）对2006年中国559个城镇污水处理厂能耗状况进行了分析，发现城镇污水处理厂平均电耗为0.29kW·h/m³。

1.2.3　水与能源协同关系分析

水与能源之间复杂的相互关系，主要体现在生产、运输和消费三个环节，并且随着气候变化、工业发展和人口增加对水和能源的需求增长，加强了这种相互作用。从环境角度来看，Hamiche 等（2016）认为气候变化的最大原因之一是燃烧化石燃料，同时，气候变化正在对未来的水供应产生不确定性，这将影响未来长期的水和能源安全，水与能源关系更加尖锐。从技术层面描述水与能源的关系，Bertrand 等（2017）提出家庭、酒店等终端用水户的热水需求模型与相关的能量消耗，并以阿尔泽特河畔埃施为研究区，通过实地测量、细化研究成果来评估城市能源和优化。DeNooyer 等（2016）以地理信息系统模型为基础，将热电厂数字空间数据集与基本工程原理相结合，并量化热电厂的取水量和功率消耗，来预测热电厂的需水要求；这类研究主要回答节能是否带来节水，节水的同时能否达到节能的问题（Vilanova，2015）。从经济维度来看，主要是讨论水价和电价价格补贴与关税结构的问题，如 Malik（2002）认为印度对电价补贴较高，导致过度开发地下水资源，从而带来环境危害。Topi 等（2016）分析了意大利博洛尼亚实行绿色转型战略对水资源和能源的需求情况。水与能源是社会的基础物质，其相关政策的执行不可避免地带来社会影响（Scott et al.，2011；Yang and Goodrich，2014）。

2011 年中央一号文件《中共中央 国务院关于加快水利改革发展的决定》提出对水资源进行优化配置。最严格水资源管理制度对水量、用水效率和水质提出目标，将水资源、经济和环境融为一体（王伟荣和张玲玲，2014）。越来越多的学者开始关注在中国经济保持高速增长的背景下，资源利用模式以及水资源稀缺性对其的影响（Kahrl and Roland-Holst，2008）。在目前的能源结构中，虽然煤炭开采、洗煤、燃煤发电、冷却、除尘等环境需要消耗大量的水资源，减少煤炭的使用会节省大量的水资源（Feng et al.，2014；Chang et al.，2015），但是利用可替代能源同样需要消耗大量的水资源。例如，内陆核电厂耗水量约为同容量火电厂的 1.5 倍（郭有等，2011），滨海核电站两台 CPR1000 核电机组用水量为 225 万 m^3/a（曹永旺和杨天伟，2012）。发展风能、太阳能、水能等清洁型能源可减少二氧化碳排放，且可节约水资源（Feng et al.，2014；Chang et al.，2015）。水资源和能源的管理具有一定的协同效益，节能减排目标的实现也将使节水目标取得进展（Qin et al.，2015），但是不同部门节能的节水效果差异很大，为了最大限度地发挥水与能协同效应，应在关键工业部门推广能源和水资源保护技术（Gu et al.，2016）。

1.2.4　水与能源耦合方法

在评价水与能源的方法运用中，较为常见的是构建水与能源作用关系的模型方法和以水足迹为基础的全生命周期分析方法。在构建模型方法中，投入产出模型已经被证明是一个有效分析工具（Kennedy et al.，2011），用来调查资源和环境的经济压力，并揭示生产期间直接和间接的资源消耗，如 Ewing 等（2012）考虑到区域特征以及部门差异，利用多区域投入产出模型核算生态和水足迹。生态网络分析（ecological network analysis，ENA）方法利用积分流量不仅可以量化转换过程中直接或间接的流量，而且可以从系统角度来量化经济部门之间的关系（Fath and Patten，1999），ENA 已经被应用于评估能量流和碳排放量，以确定各部门间的联系（Chen and Chen，2012）。此外，在已经开发的能源模型基础上，将水作为能量模型的一个组成部分；或者在水资源模型中，将能量作为一种资源嵌入模型中，Dale 等（2015）将水资源评价与规划模型（WEAP）和能源中长期规划模型（LEAP）结合起来，分析加利福尼亚州萨克拉门托近 20 年的水资源和能源使用情况。因为水和能的物理流通被隐藏在经济贸易中，所以使用"虚拟水"和"嵌入能源"来讨论经济体系中的水与能源利用情况是有意义的。其计算方法有两种：一种是自下而上的方法，计算全生命周期的资源消耗情况（Pacetti et al.，2015；Brizmohun et al.，2015）；另一种是自上而下的方法，通过描述不同供应环节的影响，来区分最终用户的资源使用情况（Feng et al.，2011）。

中国学者在借鉴国外有关水与能源关系研究方法的基础上，根据国内实际情况展开研究。Zhu 等（2015）基于虚拟水理论分析了中国电力生产中水与电力的关系，研究发现伴随着电力输送的虚拟水从水资源短缺的内陆地区转移到沿海地区。在此基础上，Guo 等（2016）利用生态网络分析了中国六大电网的虚拟水网络，发现北方和中部电网一直是最重要的虚拟水输出网络和输入网络。Zhou 等（2013）基于水流分析测量了水与气候的关系，提出优化城市供水系统可以减少能源需求和温室气体的排放。国内学者利用投入产出模型从不同尺度分析了水与能源的关系，Duan 和 Chen（2016）将投入产出和生态网络分析相结合分析了中国能源贸易中的水与能源关系，发现国际能源贸易能够缓解中国水资源短缺问题，但是增加了对其他国家或地区的能源依赖性；Wang 和 Chen（2016）构建了京津冀地区投入产出模型，探索了城市群中部门之间的水与能源的结构性特征和部门间的相互作用。对于一个城市系统中的水与能源关系，主要分析水与能源的协同效应以及在经济部门之间的相互作用（Fang and Chen，2016；Chen and Chen，2016）。

1.3　新时期水与能源耦合特征

水资源系统是在一定的时间、空间范围内，各种水体中的水资源相互联系构成的复杂系统。而能源从开发到利用的过程中，经历了能源的生产、输送、加工、转换、储存、分配等诸多环节（傅崇辉等，2014）。水与能源之间存在着复杂的相互作用关系，并且人口增加、社会发展、气候变化都会对水与能源的关系产生影响。首先，水与能源之间存在相互依赖的关系，水的提取、运输和处理需要消耗能源，能源的生产以及化石能源的开采也需要使用水资源。其次，水与能源之间存在相互制约的关系，由于所有能源的生产都离不开水资源，水资源是能源生产的一种限制性因素，但是能源生产不仅需要考虑总体用水需求，还需要考虑其他部门对水资源的需求量，以及维持生态健康所需的水资源量。经济社会的发展给水资源供给带来巨大压力，水与能源的供求关系也随之发生变化，为防止水资源短缺或能源短缺问题的出现,需要强调水与能源之间的协调发展,提高水资源和能源的利用效率。

1.3.1 能源驱动水资源循环

在天然状态下,水资源在太阳辐射能、重力势能和毛细作用等自然力作用下不断运移转化形成自然水循环,其间伴随着气态、液态或固态三态间转化的过程。水在水圈内各组成部分之间不停地运动,构成了大气自循环系统、地表自循环系统、土壤自循环系统和地下自循环系统,并将各种水体连接起来,使得各种水体能够长期存在、不断更新、动态调整,以满足社会生产、生活及经济发展对水资源的需求(王浩等,2016)。自然水循环的环节是海洋水—蒸发—水汽输送—降水—地表水—地表、地下汇入大海,其驱动力主要是水体在蒸腾发过程中吸收太阳辐射能,克服重力做功形成重力势能;水汽凝结成雨滴后受重力作用形成降雨,天然的河川径流也从重力势能高的地方到低的地方;当上层土壤干燥时,毛细作用力可以将底层土壤中的水分提升,这些能量维持水体的自然循环。在这个阶段,没有受到人类活动或人类活动干扰很小,水资源的主体是没有人类活动干扰的大气和地面、天然河道、天然湖泊、海洋、未经开发的地下水等水体,受太阳辐射能、重力势能和毛细作用力等天然能量作用,其中太阳辐射能和毛细作用力是水体从下向上运移的驱动力,重力势能是水体自上而下运移的驱动力。

自人类社会出现以来,自然水循环过程的一元驱动结构被改变,天然的自然水循环系统的运动规律和平衡发生变化,并随着文明的进步和社会的发展,人类对自然水循环的过程的干预逐渐加强,极大地改变了自然水循环原始特性,形成具有人类社会特点的社会水资源系统。这种社会水资源系统具有动态性和开放性特点,是社会经济系统与自然水循环的嵌入式系统,来协助社会与自然完成物质循环、能量流动、信息传递、价值转换(周宾,2011)。尤其在人类发明了蒸汽机和发电机之后,人类能源消费从柴草转变为煤、石油、天然气等燃料,以及对电力资源的运用,社会生产力得到迅速发展,人类社会开发利用水资源的方式也发生了极大改变,人类开始修建水利工程使水体壅高,利用电能、化学能等能量转化为机械能将水体提升。天然的一元水循环结构被打破,水循环已经不再局限于河流、湖泊等天然路径,在天然路径的基础上,开拓了人工渠系、城市管道、人工航运、调水工程等新的水循环路径,并且自然水循环路径在人类活动的影响下也发生变化。人类借助能量手段使得不同水体在人类社会经济系统运动过程中形成了取(供)水、输配水、用(耗)水、排水和回用等环节的社会水循环系统,构成"自然-社会"二元水循环结构(王建华,2014)。

人类对水资源的直接利用,主要是利用水泵从江、河、湖、溪等地表水中引水,以及提取地下水。随着水源地变得越来越偏僻，且水质较差，用于水处理和水输送的能耗越来越大。为了缓解水资源短缺问题，中国开始实施南水北调工程以及海水淡化工程。南水北调东线工程是从长江干流引水（周广科等，2010），最终调水规模是 448 亿 m³，南水北调东线工程创造了世界上规模最大的泵站群，共 51 个泵站，并分三期实施。此外，东线工程还需建造 426 个污水处理厂来对东线输送的水源进行处理。中国海水淡化工程总体规模稳步增长，截至 2021 年底，已建成海水淡化工程 144 个。目前，我国的海水淡化工程的驱动能源以电力为主，其中由国家电网供电的工程，占反渗透工程数量的 55.88%；而由本厂自发电设备供电的工程，占反渗透工程数量的 44.12%。低温多效和多级闪蒸海水淡化工程主要采用电力与蒸汽相结合的能源利用形式，电力与蒸汽均来自其所依托的电厂。这正是用电能来换取水资源的典型案例。

1.3.2 水资源保证能源开发利用

能源的发展都需要水资源的推动，能源的开采需要消耗水资源，如蒸汽机技术借用水资源推动了煤炭的大规模开发和利用，促使手工劳动向机器劳动转变。采煤、煤化工、火电、石化等大部分能源产业属于高用水产业。在能源生产过程中，开采、加工、冷却、洗涤等使用大量水资源，例如，煤炭开采过程中，大量的地下水会顺着煤层在井下流掉。利用煤电和核电在内的热力发电要用水冷却，统计资料显示，我国现有的直流冷却系统火力发电厂，每 1000MW 装机平均取水量为 40m³/s。油气田开采过程中钻井、洗井、压裂、注水、抽取、精炼和处理等活动均需要水资源，大庆油田目前每生产 1t 原油需注水 2~3t。此外，页岩气要用水力压裂法开采，水电站在生产电力的同时还会消耗水资源，太阳能、生物质能和地热能等绿色能源的开发和利用过程中也需要消耗水资源。能源生产和需求的持续增长，导致严重的水资源供需矛盾。

中国 14 个大型煤炭基地的煤炭产量占全国总产量的 91%。而占 14 个大型煤炭基地总产量 80% 以上的神东、宁东、陕北、晋中、黄陇、河南、冀中、晋北、晋东、新疆 10 个大型煤炭基地都分布在气候干旱、水资源供需矛盾突出的黄河、海河以及西北诸河区，且这些地区水资源条件先天不足，供需矛盾突出，煤炭资源分布与区域水资源条件呈现逆向分布。加之流域社会经济发展迅速，许多地区水资源开发利用程度已超出了合理开采的上限，严重挤占生态用水，水资源供需矛盾突出。加上目前我国整体正处在工业化中期阶段、现代化建设第三步战略部署阶段以及城镇化快速发展阶段，其本质特征就是能源消费与需求的急剧上升。我国能源消费总量从 1992 年起超过了能源生产总量，已不能实现自给自足。为此，自 2001 年以来，我国积极提高能源的供给能力，2017 年中国能源产量是 2001 年的 2.5 倍，年均增长率为 10.8%，中国已经成为全球第二大能源生产国。根据中国工程院重大咨询项目"中国能源中长期(2030—2050)发展战略研究",2020 年前是经济社会"双快"发展阶段,能源需求将保持较快增长速度;2021~2030 年是经济社会"稳-快"阶段,能源需求增长速度将趋于稳定。与此同时,能源需求的快速增长与水资源供应日益短缺的矛盾日益加剧。

黄河流域是我国西北部和华北地区的最大供水水源,同时,黄河流域上中游地区是我国重要的能源富集区,14 个大型煤炭基地中有 7 个地处黄河中上游;此外,还蕴藏着丰富的石油、天然气资源,是中国陆上石油开发的战略接替区和全国的天然气库(王建华,2015)。在中国"5+1"综合能源基地建设中,黄河上中游就占了两个,分别是山西能源基地和鄂尔多斯盆地综合能源基地。虽然黄河年总径流量不大,但流程却很长,给沿线能源基地发展提供水资源条件,使得黄河中上游能源基地在我国能源保障体系中发挥着重要作用。

1.3.3 水与能源的协同发展

水资源在时间和空间上分布的不均造成水资源短缺;随着经济的快速发展,人口数量的增加,农业、工业用水量的加大带来了巨大的水资源压力;农业、工业生产过程中不合理利用和带来的污染,导致水资源可用量减少。所以很多国家和地区出现不同的缺水问题,而水资源稀缺预示冲突将会增加。能源的开发,尤其是煤炭资源的开发,不仅需要大量的水资源,而且不可避免破坏周边地区的地表和地下水资源,加剧局部地区水资源紧缺程度。例如,煤炭开采疏干水过程中将地表、地下优质水源变为受到污染的矿井水。火电厂废水中含有大量的酸碱、总固体悬浮物、油脂、有机污染物、富营养污染物以及放射性污染物等,会对河流水环境和水生生物产生有害影响,当有害物质累积到一定程度,超出区域水环境容量时,区域水生态环境将恶化。当火电厂采用直流冷却水时,其冷却水取自江、河、湖(库)、海,需水量很大,经试用后的水,一般温度升高 8~10℃,如直接排入水体,将会给水体带入大量的热量,可能造成热影响或热污染。

能源是社会发展和经济增长的最基本驱动力,人类在享受能源带来的经济发展、科技进步等利益的同时,能源短缺、资源争夺、生态环境破坏等问题都威胁着人类的生存。能源的发展从薪柴的使用,到煤炭、石油、天然气等化石能源的利用,再到水能、核能、风能、太阳能等清洁能源的开发,总体趋势是朝着更加低耗水的方向发展。能源利用效率从粗放向精细,能源配置从局部平衡向全局优化方向发展,以电为中心的能源发展格局下,电网将成为能源配置的主要载体,能源配置逐步从点对点输送向管网防线发展。在水与能源之间竞争越演越烈的背景下,需要将水与能源两方面的问题同时规划和布局,来解决水资源短缺和能源短缺的问题。为促进水与能源协同发展,需要以减少能源领域的淡水用量和提高水资源的可用性为目标，保证水资源健康有序开发。主要体现在以下几方面。

（1）减少能源生产过程的淡水使用量

电力是能源的主要载体，尤其火力发电需要大量的水资源来用于冷却、输送介质和辅助生产等，其用水量占工业用水总量的39%~47%，其中90%以上用于冷却。火力发电用水特点是用水量大、耗水量小，但各个环节产生的生产废水，若不加处理直接排放到水体中，将会对水环境、水生态产生不可逆转的负面影响。目前，许多方法都有助于减少发电所需的淡水用量。例如，600MW机组的湿冷技术的耗水率约为0.68m³/(s·GW)，采用空气冷却技术的耗水率为0.13m³/(s·GW)，可以大大节约用水量和耗水量。虽然发展生物质能燃料替代化石燃料，可以减少碳排放量，但是种植能源作物都会增加用水量，应从低耗水角度发展生物质燃料。

（2）开发低耗水的非传统水资源利用技术

非传统水资源的开发利用为解决淡水资源紧缺提供了一个重要的方向，非传统水源包括回用污水、淡化海水、矿井水和苦咸地下水，但这些水源生产过程的能源消耗仍大于传统的地表水生产淡水过程。为更好地协同水与能源的关系，需要降低新水源开发技术的能源消耗，这可以从水处理、水输送等方面通过技术改良来达到节能的效果。此外，为推广非传统水源的利用，要加强非传统水资源在工程生产过程中冷却循环、能源开采领域中的利用。所以为确保水与能源的供应，研究低能耗水处理、脱盐和海水淡化技术、水利基础设施的远程检测技术等，是水与能源协同关系的重要体现。

（3）水与能源规划协同进行

目前水与能源的规划是分开进行的，且能源行业相关耗水量数据分散、准确性低且缺乏一致性，都将增加预测可用水量的不确定性。为实现水与能源协同发展，需要将能源和水资源基础设施予以整合或设在同一位置并实施综合规划，水资源开发计划要考虑日益增长的电力需求，能源计划也要考虑水需求。建立能源行业水资源实时监控系统，在地区或国家尺度上构建水与能源耦合分析工具，来确保最大限度地降低水与能源的使用量。同时，更要最大限度地利用废水、废热，减少水资源量、能源的使用，如加强利用电厂或精炼厂的余热、煤炭开采过程中的坑矿水、水处理厂产生的废水。

1.4 中国当前水与能源面临的主要问题

1.4.1 中国水资源存在的问题

中国是一个干旱、缺水严重的国家，占全球6%的水资源量需要养活约19%的世界人口。而水资源时空分布不均匀，决定了中国的基本水情。频繁的洪涝灾害、短缺的水资源、严重水土流失以及脆弱的水生态环境，加重了中国水资源的紧张程度（周学文，2011）。尤其在黄河流域、海河流域和淮河流域，这些地区是中国经济比较发达的地区，其 GDP 约占全国总 GDP 的 1/3，但水资源量仅占全国总水资源量的 7%。在中国工业化、现代化、城镇化快速发展的今天，水资源已经成为社会发展的重要瓶颈，具体问题如下。

一是水资源需求持续上升。2017 年全国用水总量为 6043.4 亿 m³，近 10 年增长 7%，其中农业部门是主要用水部门，约占 62.3%（图 1-2）。根据中国灌溉农业的特点，决定了以农业为主的用水结构将长期存在，虽然在全国范围内强化推广节水灌溉技术，大力提高灌溉用水效率，但是农业用水总量还会持续增长，中国水资源总需求量在未来一段时间内仍呈现上升趋势。

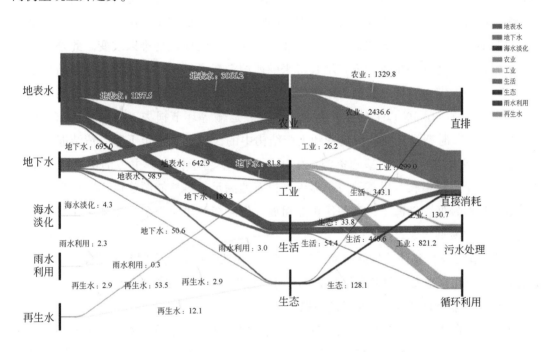

图 1-2　2017 年中国水资源利用情况（单位：亿 m³）

二是水资源供给能力不足。根据南北方地区水资源分布和人口统计数据，发现中国北方地区人口占全国人口的 46%，但只拥有全国 19% 的水资源，资源型缺水已经限制经济的发展；而长江流域及其以南地区拥有丰富的水资源，但大量排放废污水造成的水质型缺水已经成为南方地区重要水问题；西部地区虽然拥有丰富的能源资源，但是工程型缺水限制发展规模。2017 年供水总量占全国水资源量的 21%，需要提高国家供水能力。

三是用水方式粗放。虽然我国提出要提高农业、工业和生活用水效率，但是我国的水资源利用效率与国际先进水平仍存在巨大的差距。在农业生产方面，农田灌溉水有效利用系数为 0.54，约 46% 的水资源没有被农作物利用；我国每立方米的农田灌溉水可以生产 1.2kg 的粮食，而世界先进水平的粮食产量是我国的 2 倍（洪凯，2013）。在工业生产方面，2017 年万元工业增加值用水量为 45.6m³，相当于发达国家 2010 年工业发展水平。中国的快速城镇化、现代化发展决定了其用水需求呈刚性增长，而低效率的用水方式将加重水资源对经济社会发展的约束作用。

1.4.2 中国能源存在的问题

中国是能源生产大国，拥有丰富的化石能源资源，煤炭探明剩余可采储量约占全世界的 13%，但人均能源资源量在世界上处于较低水平。中国也是能源消耗大国，2010 年，中国能源消费总量首次超过美国，成为全球第一能耗大国。中国仍处于工业化中期，控制能源消耗面临重大挑战，且工业能耗占比最大的地位将难以改变。此外，中国正处于城镇化高速发展阶段，人口增长带来的能源消费增长不可避免。从能源结构来看（图 1-3），中国煤炭的生产和消费比例偏高，煤炭资源处于基础性地位。能源系统总效率为 41.7%，有 60.3% 以上的能源在加工转化、运输等环节损失，损失量达 20.28 亿 tce。"十三五"时期煤炭在能源消费和生产结构中的比例都有一定下降，清洁能源消费比例增加，但仍是最重要的基础资源。中国原油产量趋于饱和，主力油田高峰逐年减产，但消费量持续增长，供需缺口仍需以进口石油满足。虽然能源建设不断加强，能源利用效率相对较低，能源生产和使用仍然粗放。保障能源供应安全和能源产业的可持续发展正面临严峻形势。

目前我国处于经济快速发展时期，是实现工业化的关键时期，同时也是经济结构、消费结构、城市化水平发生明显变化的重要时期，能源共存中存在如下问题。

(1) 人均能源资源少，供需矛盾越来越尖锐

从我国的自然禀赋条件上看，我国能源资源种类丰富，但存在能源地理分布不均、能源结构落后和人均拥有量少的基本特点。21 世纪初期（2000~2020 年）是我国国民经济和社会发展的一个关键时期，其基本特点为人口低速增长，在 2030 年前后总人口数将达到 16 亿多，国民经济继续以一定增速稳定增长，产业结构也会发生比较大的变化，GDP 中第一产业占比下降较大（占比<10%），第二和第三产业占比大体相同（占比各约 45%）；在工业增长中，作为支柱产业的石油化工、交通、通信发展进程加快，电力、钢铁、汽车、装备制造、船舶制造产业发展也会较为迅速。由于这些发展特点，我国的能源消费总量将不断增长。除了水电资源外，其他能源资源，无论是总量还是人均量，都相对短缺。从图 1-4 中可以看出，1992~2017 年我国能源消费总量一直高于生产总量，1990 年我国能源生产总量为 10.39 亿 tce，到 2017 年增加到 35.85 亿 tce，能源生产总量约增加

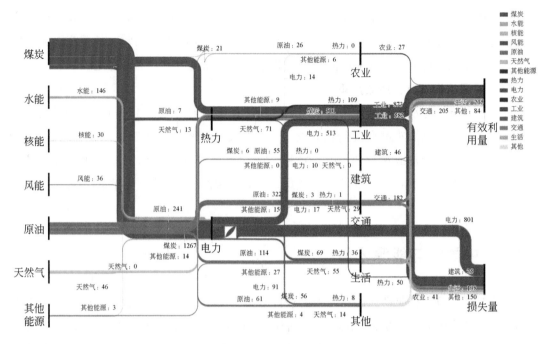

图 1-3　中国 2017 年能流图（单位：10^6 tce）

图 1-4　1990~2017 年我国能源供给情况

2.5 倍，而能源消费总量约增加 3.5 倍，供需矛盾将会进一步加重。

（2）中国处于经济快速发展阶段，降低能源消耗面临重大挑战

尽管中国经济总量已经跃居世界第二，但中国仍是发展中国家的定位没有改变，人均 GDP 水平低、经济结构不合理的现实并未明显改善，而且从驱动经济增长看，我国经济长期依赖投资和出口；从三次产业结构看，我国过度依赖第二产业特别是高耗能高污染的重工业，这种发展模式需要大量能源投入。而城镇化是工业化的必然结果，工业化需要与之相配套的劳动力和人口城乡结构，这意味着人均用能需求会随着人均收入的提高而大幅度增长，生活能耗结构会从低端能源向优质能源过渡，能源消费上升不可避免。

（3） 能源结构不良，污染严重

近年来，虽然对水电及其他可再生能源的利用有所增加（约占17%），但是煤炭消费在能源结构中的占比依然过高（约占69%）。大量煤炭的燃烧导致二氧化碳、氮氧化物、粉尘等环境污染物的排放量逐年增大。我国二氧化碳排放量的70%、二氧化硫排放量的90%、氮氧化物排放量的66.7%均来自燃煤。作为一次性能源，煤炭资源的不可再生性和环境问题日益严峻。

1.4.3 中国水与能源矛盾

目前，受人口增长驱动，能源与水需求将增长；受经济增长驱动，人均能源与水需求将增长。为获取更多的水资源和能源，人们越来越倾向于选择高耗能型用水和高耗水能源。水与能源发展趋势表明，水与能源关系的紧张程度将进一步加剧，中国水与能源的问题主要体现在如下几方面。

（1） 水与能源的总需求上升

根据《中国发展报告2011/12：人口形势的变化和人口政策的调整》，2027年中国总人口达到第一个峰值15.15亿。受人口及经济增长的双重驱动，水与能源的需求将进一步增长。尽管我国的能源构成多种多样，但化石燃料（石油、煤及天然气）满足我国85%以上的主要能源需求，且电力需求也将不断提高，化石燃料的利用，以及电力行业使用水的强度较大，会转换成更多的取水需求，这说明需水量还会出现大幅度增长。

（2） 人均水需求量与能源需求量增加

随着人口增长，为满足人们的生存及生活需要，水与能源等资源的需求量也在增加，且需水量和能源需求增长的速度正在超越人口增长的速度。此外，人均能耗增加的驱动因素之一是随着收入的增加，居民需要更好的居住环境，Dasgupta等（2002）发现国家越富裕，其能源需求量越大。例如，随着环境标准要求和废水处理技术的提高，废水处理对能源需求也增加。如果提高能源的使用效率，可降低为达到更加严格的水处理标准所增加的能源需求量，会使水处理厂的用电量增幅得到控制。

（3） 气候变化加剧水与能源跨部门关系的紧张程度

水行业是受气候变化影响最严重的部门，如气温升高将导致融雪季节提前，影响春季径流量、降水间隔期及强度，洪水干旱风险增大等；同时气温升高将导致海平面上升，海水对沿海地区的地下含水层造成污染（Oki and Kanae，2006）。为满足不同地区的用水需求，可以通过开采地下水、远距离调水、对水进行深度处理或延长储存时间等手段来获取更多水资源，但这些技术就需要消耗更多的能源。这些耗能将释放温室气体，从而影响水文循环。虽然水与能源相互作用、相互影响，但是却无法从政策管理层面协调两种资源，水与能源发展不协调。

（4）高耗能型用水和高耗水型能源的政策选择

为缓解水资源压力，开发可替代性能源，中国的政策制定越来倾向于高耗能型用水和高耗水型用能。例如，中国正在实施的南水北调工程，3 条线路从南方的丰水地区向干旱的北方地区调水，其中抽水、水处理、运输水需要消耗大量的能量。同时，处理 100 万 L 微咸水或海水总体需要消耗 4400kW·h 电能，是标准水处理技术消耗电能的 10 倍之多（EPRI，2002）。由于经济、安全及环境等各种原因，为了调整我国能源生产比例，高耗水型能源需求增加。例如，碳捕集与封存是燃煤脱碳及其他洗涤技术的一种选择，其水资源使用强度同样高于无洗涤设备的燃煤发电；核能发电虽然依靠自身反应，但其耗水程度仍高于其他发电类型；生产非常规化石燃料所需的水资源高出常规水资源 2~5 倍；利用生物燃料生产 1L 燃料会消耗 1000L 水（Stamford and Azapagic，2012）。

1.5 中国水与能源研究方向

随着全球资源危机、气候变化、环境恶化等问题日渐突出，水与能源的供求关系发生了深刻的变化。水与能源之间的相关性与约束性在全球气候变化与人口持续增长的环境下，显得更加突出。为保证水资源与能源可持续发展，中国的水与能源应注重科技创新、产业创新、管理创新。

（1）明确水资源在能源重大决策和规划过程中的战略地位

我国在西部、东北、华北、西南共规划了 14 个大型煤炭基地，包括神东、晋北、晋东、蒙东（东北）、云贵、河南、鲁西、晋中、两淮、黄陇、冀中、宁东、陕北和新疆煤炭基地，其中西部地区占 8 个。在我国能源生产中心持续西移的背景下，保障西部地区能源行业用水安全对我国能源发展至关重要。所以要明确水资源在国家能源规划和重大决策中的战略地位，不断完善能源行业各项相关水资源管理制度体系，明确各个环节的取水量、用水量、水环境等指标标准，实现"以水定产""以水定城"。对于我国未来能源结构优化的发展战略与空间布局规划，要充分考虑由能源结构调整所引起的水资源需求量的巨大变化，结合当地的水资源赋存情况，实现能源规划与水资源分布相协调。

（2）加强技术创新，提高水资源利用效率

随着我国能源基地建设向着大容量、高参数、环保型方向发展，行业用水效率显著提高，一定程度上降低了能源基地建设对水资源的依赖程度。未来能源基地发展，特别是在西北、华北等缺水地区，仍需进一步强化能源生产节水。在源头上，要结合用水总量、用水效率目标等约束性目标，加强对新建项目取水量、耗水量以及污水排放量的评价。在过程中，要重视节水、循环用水技术的应用，积极采用先进的用水工艺，降低能源行业发展的用水需求。

（3）加强水与能源宏观调控政策影响分析

虽然水与能源具有较高的协同效应，但目前我国有关政策在水与能源关系的问题上存在不足，涉及水与能源的政策由不同部门分别制定；能源规划中往往假设水资源能够满足其需求，而水资源规划中也常假设能源满足其需求，当其中一项假设不成立时，结果则将无法满足发展。当前水与能源管理政策制定及其执行均主要从本部门、本地区出发，缺乏与其他相关部门和地区的协调，导致问题从一个部门转嫁到另一部门，或者从一个地区转移到另一个地区。未来要重视水与能源要协同控制，做好顶层设计，进行专业的规划统一。

（4）重视终端用户节水节能协同作用效果

在美国，加利福尼亚州14%的电力和31%的天然气用于水终端使用活动。在澳大利亚，家庭终端用水占整个城市水循环使用能源的约30%。节约用水相当于节约能源，2006年，澳大利亚法律规定，所有新建住宅必须安装比传统标准节水40%的供水系统，这样居民用水可以节约30%～40%，能源使用量减少了约15%。在家庭层面，加热水和洗涤是最耗能的用途，其中用于加热水的能耗占总能耗的14%～25%，这表明家庭用水可以是减少水和能源消耗的最有效方法。虽然在中国尚未完成家庭用水耗能分析，但其他国家的经验表明，家庭层面节水（节能）值得高度重视，也是需要进行更多水能联合研究的地方。

第2章 社会水循环全过程能耗评价方法

2.1 社会水循环概念与特征

社会水循环是一个宏观开放的系统，始端起于自然水循环系统的取水或雨水直接利用，终端止于自然水循环系统的排放或蒸发（图2-1）。取水系统是指利用一定的工程措施将地表或地下水体进行提取。供水系统是将提取水资源在一定程度上进行处理。输配水是连接供水系统和用水系统的重要环节，是指从水源将原水经过处理输配至用户的系统。用水系统是指人们日常的生活、生产以及生态环境的用水过程。排水系统是将使用后的水资源进行收集并处理，将处理后的水源排到自然水体的过程。水的再生回用过程，是伴随着社会经济系统水循环通量和人类环境卫生需求而产生的循环环节，利用水的可再生属性，将水进行再生回用处理后再返回用水系统。研究社会循环各个环节的能耗情况可定量划分社会水循环作用力情况。本书主要从取水、供水、输水、用水、排水和回用等环节分析能量消耗情况。

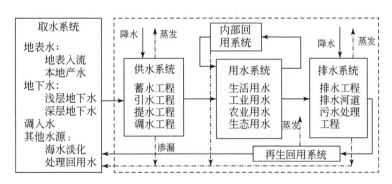

图 2-1 社会水循环过程示意

2.2 取水过程能耗强度

取水过程是社会水循环的始端，是将自然水循环引入社会经济系统的"牵引机"。在现有社会经济和技术条件下能被有效利用，同时具备水量和水质要求的地表水、地下水、雨水和海水等，均可视为社会水资源。地表水系统按来源可分为江河、湖泊、蓄水库等。地下水系统主要包括深层及浅层地下水、泉水等。取水工程包括取水水源和取水地点、取水构筑物，主要任务是确保人类取得足够水量和质量良好的原水。

2.2.1 地表水取水过程的能耗

地表水取水工程主要分为蓄水、引水、提水、跨流域调水等。引水工程一般借重力作用把水资源从水源地输送到用户的措施，所以忽略能量消耗。

1）蓄水工程包括拦河引水工程、塘坝工程、方塘工程和大口井工程，主要是将天然降水产生的径流汇集并抬高水位，为人类用水提供的集水工程。蓄水工程的能量消耗主要是输水部分中沿程水头损失，假定是混凝土管、钢筋混凝土管输水，其计算公式如下：

$$w = \frac{mgh_f}{3.6 \times 10^6} \qquad (2\text{-}1)$$

$$h_f = i \times L \qquad (2\text{-}2)$$

$$i = 10.294 \times n^2 \times Q^2 \div d^{5.333} \qquad (2\text{-}3)$$

式中，w 是输水耗能值（kW·h）；m 是输水质量（kg）；g 是重力加速度（N/kg）；h_f 是沿程水头损失（m）；i 是单位管长水头损失（m/m）；L 是计算管段的长度（m）；n 是粗糙率；Q 是管段流量（m³/s）；d 是管道内径（m）。

根据实地观测，从蓄水工程取水用于农田灌溉，其平均输水距离为 2~5km，而从蓄水工程取水运输到城市自来水厂平均距离为 15~50km（表 2-1）。

表 2-1 蓄水工程输水管道相关参数

项目	d	n	i	h_f
城市自来水厂	1	0.001 4	0.001 25	62.5
农田灌溉	1	0.001 4	0.001 25	6.25

2）提水工程是目前较为常见的水利工程，其主要利用泵站将电能转化为提升水体的能量，将水资源从低处提升到高处。本研究主要是指提升地表水的工程，主要包括进水建筑物、泵房、出水建筑物等。提水工程以机电作为动力，通过泵站提水消耗能量的计算公式为

$$w = \frac{mgh}{3.6 \times 10^6 \times \varepsilon} \qquad (2\text{-}4)$$

式中，h 为水体提升高度（m），本研究利用各省份平均地面高程；ε 为提水泵站效率。提

水过程单位能耗平均值为 $0.53 kW \cdot h/m^3$。

3）跨流域调水是通过修建跨越两个或两个以上流域的引水（调水）工程，将丰水地区的水资源与紧缺地区的水资源相互调节，以达到地区间调剂水量盈亏。目前，我国跨流域调水工程有南水北调、引滦入津、引滦入唐、引黄济青、引黄入晋、北水南调、引江济太、东深引水、引大入秦等。其中南水北调运行的中线、引大入秦是大型自流引水工程，其他均需要泵站进行输送，能量消耗计算公式如式（2-4）所示，但沿程水头损失如下：

$$h_{\mathrm{f}} = L \times Q^2 \times n^2 \frac{\left(b + 2h\sqrt{1+m^2}\right)^{\frac{4}{3}}}{\left[(b+mh) \times h\right]^{\frac{10}{3}}} \tag{2-5}$$

式中，L 是输水长度（m）；Q 是输水量（m^3/s）；n 是粗糙率；b 是底宽（m）；h 是水渠水面高度（m）；m 是边坡系数。

2.2.2 地下水取水过程的能耗

在地下水灌溉中，利用水泵将地下水抽到地面并输送到田间的过程，是将电能转化为水的势能和动能，同时伴有其他能量损失的过程。势能方面，该部分能量是指地下水从地下水位克服重力到达地面所做的功。无扰动情况下地下水位为静水位；水泵抽水时，井附近水位呈漏斗形下降，为动水位。势能应是水从动水位到达地面所做的功。动能方面，通过水泵抽取地下水需要一定的流速，以保证水流能够通过管道输送到田间。能量损失方面，由于地下井管和地面输水管道对水流的摩擦阻力，一部分电能损失。因此，地下水开采的能量消耗主要是利用泵站提水，其大小取决于地下水埋深、提水量、使用的泵类型和效率。地下水主要用于灌溉农田、居民饮用和工业利用。其中居民饮用和工业利用需要考虑提水管线的水头损失 η，一般损失是提水能耗的10%左右，计算公式为

$$w = \frac{mgh}{3.6 \times 10^6 \times \varepsilon \times (1-\eta)} \tag{2-6}$$

式中，h 为水体提升高度；ε 为提水泵站效率，柴油泵一般取 15%，机电泵一般取 40%；η 为沿途损失，假定为 5%。

水泵的扬程 H 为静水扬程、抽水降深、流出水头、地上灌溉管道水头损失和地下井管水头损失的总和（图 2-2），即式（2-7）：

$$H = H_0 + H_1 + H_2 + H_3 + H_4 \tag{2-7}$$

式中，H 为水泵总扬程（m）；H_0 为静水扬程（m）；H_1 为抽水降深（m）；H_2 为地下井管水头损失（m）；H_3 为地上灌溉管道水头损失（m）；H_4 为流出水头（m）。

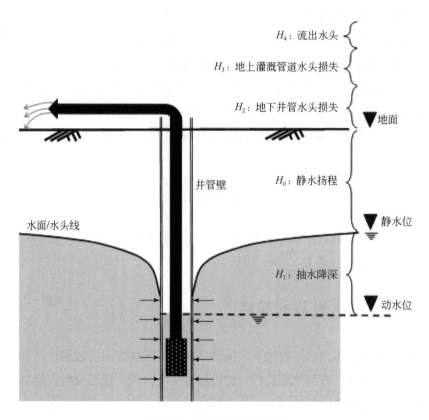

图 2-2　水泵扬程组成示意

Wang 等（2012）调查了中国 366 个村庄，发现水泵的扬程和地下水埋深具有线性相关性，两者间的相关系数达到 0.62，因此可根据式（2-8）估算水泵扬程。

$$H = 0.906H_0 + 21.75 \tag{2-8}$$

用于农业灌溉的能量为

$$w = \frac{mgH}{3.6 \times 10^6 \times \varepsilon} \tag{2-9}$$

2.2.3　海水淡化过程的能耗

海水淡化是指利用海水生产淡水，是减缓水资源短缺、增加淡水量极具有前景的技术，且在很多地方都适用，未来可进一步探索，以保障沿海居民生活用水和工业用水。我国水资源匮乏，大量发展海水淡化是必经之路，目前天津、辽宁、浙江等数十个沿海地区已经在进行海水淡化的生产。尤其京津冀地区邻近渤海湾，有充足的海水源，且工业基础较为发达，能满足海水淡化的生产技术，包括天津的三座海水淡化厂，河北曹妃甸海水淡化项目，河北沧州海水淡化项目，以及其他小型海水淡化厂。

海水淡化方法目前主要有蒸馏法、反渗透法、离子交换法等数种，在实际生产中，目前应用最普遍的是蒸馏法和反渗透法，其中反渗透法投资少、可适用程度高，日益得到大规模的应用。反渗透海水淡化系统的主要构件是淡化膜，膜的一侧是海水，另一侧是淡水，通过高压泵的压力差，海水能渗透到淡水一侧，而将高浓度的盐分留下，此时就达到了淡化的目的。高压泵的工作原理见式（2-10）和式（2-11）：

$$Q_p = A(\Delta P - \Delta H) \tag{2-10}$$

$$Q_s = B(C_f - C_p) \tag{2-11}$$

式中，Q_p 表示从淡化膜析出的水量 $[L/(m^2 \cdot h)]$；A 表示溶剂渗透强度 $[L/(m^2 \cdot h \cdot Pa)]$；$\Delta P$ 表示膜两侧静压力差（Pa）；ΔH 表示膜两侧渗透压压差（Pa）；Q_s 表示穿过淡化膜的含盐量 $[mg/(m^2 \cdot h)]$；B 表示淡化膜的透盐能力 $[L/(m^2 \cdot h)]$；C_f 表示海水盐浓度（mg/L）；C_p 表示淡水盐浓度（mg/L）。

高压泵单位产水能耗计算公式为

$$W_{hai} = \frac{p}{3.6\gamma\eta\xi} \tag{2-12}$$

式中，W_{hai} 表示单位产水能耗（kW·h/m³）；p 表示泵的操作压力（MPa）；γ 表示系统回收率（%）；η 表示高压泵效率（%）；ξ 表示电机效率（%）。

2.3 供水过程能耗强度

从地表或地下取水后，未经水厂处理的水资源不能达到居民饮用或者部分工业生产的要求，这需要在水厂对水资源进行澄清、消毒、除臭和除味、除铁、软化等多项复杂处理（图2-3）。常规水源是指在日常生产、生活中常用的水资源，有别于污水、微咸水、雨水等非常规水源。常规水源需经过水厂的一系列处理工序，达到相应水质标准，才能被人类使用。常规水处理工艺一般包括混凝、絮凝、过滤、消毒四道流程，首先是混凝，需投放适量的混凝剂至原水中，使其与原水充分混合并反应；其次是絮凝，是指经过反应后，水中的固体悬浮物等杂质在反应后会形成较大的颗粒状絮凝体，在重力作用下逐渐下沉，直到完全沉入水池底部并排出；再次是过滤，原水经以上一系列处理流程，很多杂质已经排出，但部分细小颗粒仍存在，此时需通过滤池中的滤料进行过滤；最后是消毒，水经过处理后，浊度进一步降低，同时也使残留细菌病毒等失去混浊物保护或依附，消毒后可以使饮用水达到饮用水细菌学指标要求。

在水厂处理过程中，水源需经过不断的泵站提升、搅拌，这些过程均需消耗能源，以电能为主。制水厂需要耗能的地方有机械搅拌器、栅条絮凝器、沉淀池、反冲洗滤池等，

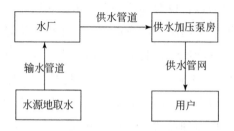

图 2-3 供水系统示意

其中能耗量最大的是原水泵房与清水泵房，占制水总流程的 90% 以上，各工序耗电情况见表 2-2。

表 2-2 常规制水厂各工序耗电情况表

构筑物	耗电设备	电耗情况
取水头		无
原水泵房	电机及水泵、电动阀	大
反应池		很少
沉淀池	刮泥机、电动阀	较少
滤池	电机及水泵、电动阀、自控等	较多
清水泵房	电机及水泵、电动阀	大
消毒间	电机及泵、混合器等	较少
加药间	混合设备、加药泵	较少
管道	电动阀门	较少
其他	照明、自控设备等	较多

制水工艺复杂，且几乎每个环节都涉及电量消耗，因此不可能通过公式详细计算出各环节的能耗量，在实际过程中，制水厂会对年处理水量与年耗电量进行统计。

$$k_{gong} = \frac{E_1 + E_2 + \cdots + E_n}{W_1 + W_2 + \cdots + W_n} \quad (2-13)$$

式中，k_{gong} 为京津冀地区制水厂的平均单位制水能耗（$kW \cdot h/m^3$）；E_1，E_2，$\cdots$，E_n 分别为 n 个水厂的年耗电量（$kW \cdot h$）；W_1，W_2，$\cdots$，W_n 分别为 n 个水厂的年制水量（m^3）。

根据制水厂的单位平均制水能耗以及各地市的制水量，按式（2-14）计算得到各地市的制水厂能耗。

$$E_{gong} = k_{gong} \cdot W_{gong} \quad (2-14)$$

式中，W_{gong} 为各地市的水厂总供水量（m^3）；E_{gong} 为各地市制水厂的年耗电总量（$kW \cdot h$）。

在水厂处理的常规水，需要通过搅拌作用进行混凝，需要通过泵站加压将处理过的水资源供至自来水环网，经处理后的常规水主要用于城镇生活和部分工业生产。

2.4　输水过程能耗强度

处理后的水资源进入居民输水管网中，需要通过输水管道将水资源输送到终端用水户。由于终端用水户的分布较为分散，需要在配水管网中对水资源持续加压，以保证输送到每个用水部门。在输水系统中，存在水塔或高地水池、清水池，其主要功能是调节供水设备的供水量与用水量之间的不平衡状况。清水池与泵站可以直接对给水系统起调节作用，其中泵站是把整个给水系统连为一体的枢纽，它连接清水池和输配水系统，把净化后的水，由清水池抽吸并送入输配水管网供给用户，是保证给水系统正常运行的关键。由于地形不同，有时还有可能在配水管网中设置增压泵站。

单个水厂的单位输配水能耗按式（2-15）计算：

$$k_{shu} = \frac{\rho g h}{3.6 \times 10^6 \eta} \tag{2-15}$$

式中，k_{shu} 为某水厂单位输配水能耗（kW·h/m³）；h 为水厂的机泵扬程（m）；η 为机泵效率（%）。

各地市多个水厂的输配水能耗总和按式（2-16）计算：

$$E_{shu} = k_{shu1} \times Q_1 + k_{shu2} \times Q_2 + \cdots \tag{2-16}$$

式中，E_{shu} 为各地市多个水厂的输配水能耗（kW·h/m³）；Q_1，Q_2，…为各水厂的年输配水量（m³/s）。

2.5　水资源终端用水能耗关系

用水系统是社会水循环的核心，按照终端用水户的性质，可以分为生态用水、生活用水系统、工业用水系统及农业用水系统。现阶段，农业用水占全国总用水量的62.3%，工业用水量占全国总用水量的21.1%，生活和生态用水分别占全国总用水量的13.9%和2.7%。但各部门的用水效率低，水资源浪费严重。从终端用水部门调整用水结构，有助于节约水资源，在一定程度缓解水资源短缺。本研究主要分析生活、工业、农业用水过程的能源消耗情况。

2.5.1　生活用水能耗分析

生活水循环是指满足社会经济生活用水需求的水的流动过程，从总量上看，生活用水相对于农业用水总量较小，但与农业用水和工业用水不同，生活用水是人类生存和发展所必需的，具有较高的优先权。生活用水的需求来源于人类日常生活的基本需求，既满足特定标准的生存、舒适、卫生、便利和美学等需要。生活用水需求可分为三大层次：第一层次是维持人类生存的饮用水需求；第二层次是维持人类健康的卫生用水需求，如洗澡、洗衣、冲厕等；第三层次是人类娱乐休闲用水需求，如家庭种植。不同层次的需求驱动着生活水循环的不断演进。在农村生活单元的水循环中，用水环节主要集中在饮用、做饭等，且不存在污水处理系统；而在城镇生活单元中，生活用水功能更加丰富，存在冲厕、洗车等功能，污水排放后需要经过排水管网，进入集中处理系统（图2-4）。

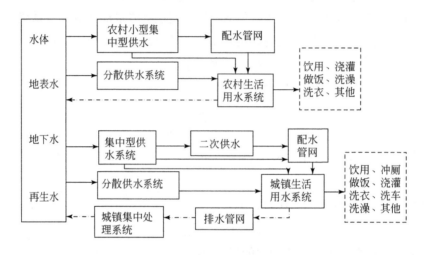

图 2-4   生活单元的水循环结构

通过城市家庭用水能耗强度分析，城市的用水能耗强度介于 $11.04 \sim 20.78 kW \cdot h/m^3$ （沈恬等，2015），且温度越高，家庭用水能耗强度越低；人均日用水量越高，用水能耗强度越高。例如，甘肃省兰州市城市居民家庭生活用水能耗强度均值为 $13.76 kW \cdot h/m^3$ （杨琪，2014）。北京市家庭生活用水总能耗是家庭能耗的 28%，洗浴用水能耗最高，约占家庭用水能耗的 76%；其次是饮用水和洗衣用水（李璐，2012）。本研究在北京市、天津市也进行了相关验证，在北京市 129 个住宅小区发放 600 份问卷，回收有效问卷 590 份；在天津市 108 个住宅小区发放 525 份问卷，回收有效问卷 504 份，通过分析北京市和天津市家庭居民的用水情况，计算用水过程的能源消耗，构建居民家庭用水能耗模型（图2-5）。

模型包括终端用水模块和用水能耗模块，在生活用水过程，消耗能量主要分为加热能耗和机械能耗，其中加热能耗主要是为满足居民的饮用、烹饪、洗澡等需求，需要消耗电力、天然气、LPG 等能源来加热水。而机械能耗主要是通过消耗能源产生机械动力，使得用水设施正常运行，主要是洗衣过程中利用洗衣机。

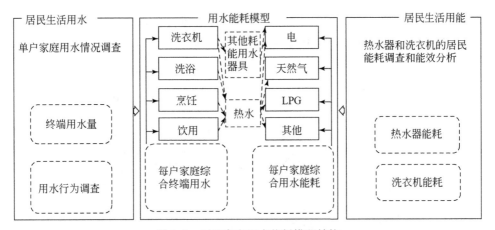

图 2-5　居民家庭用水能耗模型结构

LPG 指液化石油气（liquefied petroleum gas）

加热能耗计算公式为

$$E_h = \frac{V \times \rho \times C \times (T_t - T_i)}{\mu} + E \tag{2-17}$$

$$e_h = \frac{E_h}{Q \times 3.6 \times 10^3} \tag{2-18}$$

式中，E_h 为加热能耗（KJ）；e_h 为加热用水耗能强度（kW·h/m³）；Q 为加热过程用水量（m³）；μ 为能耗系数；E 为备用热损失（KJ）；T_t 为加热器恒温时的温度（℃）；T_i 为空气的温度（℃）；V 为家庭热水器蓄体积（L）；ρ 为水的密度（kg/L）；C 为水的比热容 [kJ/(kg·℃)]。

机械能耗计算公式为

$$E_m = p \times m \times 3600 \tag{2-19}$$

$$e_m = \frac{E_m}{Q \times 3.6 \times 10^3} \tag{2-20}$$

式中，E_m 为总机械能耗（kW·h）；e_m 为洗衣机用水耗能强度（kW·h/m³）；Q 为洗衣机运行过程的总用水量（m³）；p 为某类型洗衣机的额定功率（kW·h/kg）；m 为该类型洗衣机的额定洗涤容量（kg）。

2.5.2　工业用水能耗分析

水是工业生产的重要原料之一，在当前众多的工业行业中，几乎没有一项不和水直接或间接发生关系，每一个生产环节几乎都有水的参与。而工业用水系统按照其是否重复利用可分为两种类型：直流用水系统、重复用水系统。直流用水系统主要包括新水取用、直流用水和废水直接排放。重复用水系统则将直流用水和废水直接排放这两个环节进行改造，建立循环利用和废污水处理回用系统，减少了新水的取用量（图2-6）。

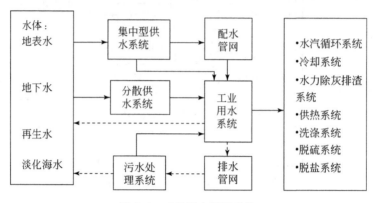

图 2-6　工业用水循环系统

从功能与原理的角度看，工业用水主要分为冷却用水、工艺用水和过滤用水，其中冷却用水是热能的良好载体，调节环境和有机体体温。水是工业生产最常见的吸热介质，冷却用水量在工业生产用水量中所占的比例较大。工艺用水是指作为工业原料的水，通常是直接用水，这是工业用水中最富有生命力的部分。锅炉用水利用水体载能的特性，主要用于工艺、采暖及锅炉水处理用水。根据我国高耗水工业用水效率评价，火力发电用水量占工业用水量的43.5%，其次是钢铁行业、化工产业等。由于火力发电行业的特殊性，用水过程中需要消耗能量，首先需要用化石燃料将水加热产水蒸气，通过蒸汽动力装置转换为机械能，机械运动在发电机中转换为电能；其次为了减少水资源的利用，对水资源进行循环利用，这个过程需要消耗电能对水资源进行循环处理，所以其用水需要消耗能量的过程分为加热和循环两部分。而其他工业的生产环节的用水能耗过程主要集中在循环部分。另一部分工业用水过程的能量消耗是用于工业污水处理过程，部分工业在污水排放前需要进行预处理，使其达到排放标准，这部分电耗在本书中没有考虑。本书将重点分析火力发电行业和其他工业用水过程的能源消耗情况。

1. 火力发电行业用水能耗关系研究

（1）锅炉加热系统

在火力发电行业，65%的水用来循环冷却，且其有效功率一般为75%，将水加热变为水蒸气需要的能量为

$$E = \frac{c \times m \times \Delta t \times 65\%}{3.6 \times 10^6 \times 75\%} \tag{2-21}$$

式中，E 为加热水需要的电能（kW·h）；m 为火电厂用水量（kg）；c 为水的比热容［kJ/(kg·℃)］；Δt 为加热温度与常温水差值，一般是将15℃的水加热到400℃。

（2）冷却系统

目前北方火电厂都是使用循环冷却系统，该循环系统主要采用电泵进行循环，火电厂循环冷却的能力可用循环水泵耗电率表示，即统计期内循环泵耗电量与全厂总发电量的百分比，据文献统计，循环系统循环水泵耗电率约为 1.55%。

$$A = b/c \tag{2-22}$$

式中，A 是循环系统循环水泵耗电率（%）；b 是循环系统循环水泵耗电量（kW·h）；c 是火电厂总发电量。

2. 其他工业行业用水能耗分析

从 20 世纪 70 年代开始，我国开始发展工业水循环技术，并在近几年得到了大幅度发展，很多企业已经开发适合自身的水循环处理系统，使得冷却水的闭路循环处理，如钢铁行业约 70% 的水可以循环利用，石油化工产业和制造业也有 30% 以上的水可以循环利用。但冷却系统一直处于高耗能的运行状态，用电负荷占整个单元项目用电量的 20%~30%，我国工业循环水泵系统运行效率约为 50%。

2.5.3 农业用水能耗分析

农业是人类发展的基础产业，随着引水灌溉的产生，农业不再仅仅局限于自然降水，径流性水资源称为农业水源。除了自然降水和人工径流性水资源补给外，人工蓄水、提水、输水、用水和排水形成了农业用水循环系统（图 2-7）。在农业用水循环系统中，取水过程是通过灌溉输配水系统将水自水源引至田间；输配过程是田间水分与作物提根系层土壤水的转化及土壤水再分配过程；用耗过程是非径流性土壤水资源向气态水转化的过程；排水过程是将多余水量排出农业系统的过程。而在用耗过程中主要是受到太阳能、重力势能、毛细管势能和生物势能的驱动，不需要利用化石能源，所以本研究不计算农业用耗水过程中的能量消耗。

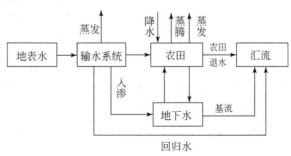

图 2-7 农业用水循环过程

2.6　排水和回用过程能耗强度

排水过程是社会水循环的"汇"及与自然水循环的联结节点，主要包括排水的收集、输送、水质的处理和排放等环节。排水系统按照其服务对象的不同，主要分为农田排水系统和城市排水系统，但是在农村地区，一般没有给排水设施，没有经过污水处理。城市排水系统包括废污水的收集、输送、处理、回用和排放等环节。通常城市排水系统由排水管道和污水处理厂组成，废污水经排水管网收集到污水处理厂后，先要进行沉底处理，除去易于沉淀的污染物质；在此基础上，将废污水进行生物处理。污水处理厂在处理污水过程中，需要消耗电能，且主要处理城镇生活污水和部分工业污水。

一般情况下，污水可依靠自身的重力进行汇集，但部分污水汇集地的地势较高，无法自行汇集，此时就需要利用水泵进行提取。在城市规划过程中，城市排水管网的坡度基本是固定的，因此可以通过式（2-23）进行计算。

$$H = L \times \theta \tag{2-23}$$

式中，H 为水泵扬程（m）；L 为污水提升前后的直线距离（m）；θ 为排污管网的平均坡度，一般取 1‰。

排污点产生的污水到达污水处理厂的耗能为

$$E_{wu} = \frac{H \times M}{\eta} \tag{2-24}$$

式中，E_{wu} 为污水收集能耗（kW·h）；M 为经水泵提升的污水量（m³）；η 为水泵平均效率（%），通常取 0.75。通常，污水收集的能耗统计于污水处理中，此处不再单独计算。

普通的污水处理方法主要有四种，包括活性污泥法、AAO 法、氧化沟法、SBR 法。活性污泥法是指在氧气充足的情况下，培养好氧型细菌，通过细菌分解污泥中的化学物质的一种微生物方法。AAO 法又称 A2O 法，是指厌氧-缺氧-好氧法，可用于二级污水处理或三级污水处理，以及中水回用，具有良好的脱氮除磷效果。氧化沟法是在活性污泥法基础上加以处理的，使得污水在充满氧气的沟渠中循环流动，同样也是靠细菌进行分解污染物。SBR 法是指间歇性活性污泥法，在曝气时采用间歇式曝气。以上几种污水处理方法目前属于主流，其一般的工艺流程主要包含以下三个过程：一是过滤，通过滤网去除污水中较大的颗粒，一般采用格栅法进行拦截或沉淀法进行去除；二是鼓风曝气，使得污水中充满氧气，进而利用好氧型微生物对污染物进行降解；三是消毒，一般通过加氯、臭氧等方法，深度去除污水中的污染物，以达到一定的标准。污水处理厂流程一般如图 2-8 所示。

再生水厂通常以污水处理厂的出水作为原水，经过污水处理流程后，其中的污染物一般已去除 80%，达到一定的水质指标的水资源。再生水的水质标准比污水处理厂的出水水质要高，因此还需在此基础上进行更深度的处理。污水处理厂的出水一般在固体悬浮物等

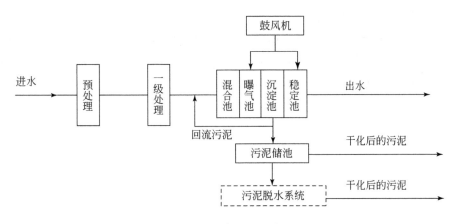

图 2-8　污水处理厂流程

固态颗粒物方面与标准差距不大，但磷、氨氮、胶体等物质的含量仍相对较高，需要重点去除，此时可采用膜分离、离子交换法等较为先进的技术进行去除，直至满足再生水的利用标准，即可用于灌溉、工业循环冷却、城市景观用水等。典型再生水厂的工艺流程如图 2-9 所示。

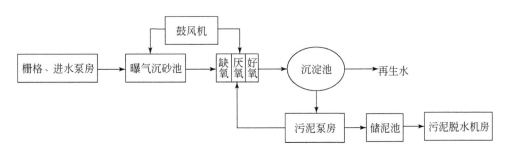

图 2-9　典型再生水厂的工艺流程

本研究城市污水再生利用主要是以城市污水厂二级处理出水为原水，对生物处理的废污水进行深度处理，使得处理出水达到再生水水质要求，再生水利用是开源的重要途径。从经济的角度看，再生水的成本比海水淡化的成本低，更易于开发；从环保的角度看，开发再生水可以增加水资源可利用量的同时，减少污水排放量，更益于改善水生态环境。再生水可用于地下水回灌用水、工业用水、城市非饮用水、景观和环境用水等。污水处理与再生水处理的工艺流程类似，仅存在深度的不同，两者主要的能源消耗环节均包括污水提升泵、鼓风机（用于曝气）、污泥脱水机房、污泥泵房、马达控制中心等，耗能大小依次是鼓风机、进水泵、污泥泵、污泥脱水等，其中鼓风机的曝气能耗约占 50%。由于处理流程复杂，且每个环节均有能源消耗，无法一一详细计算。《城镇排水统计年鉴》统计了全国各污水处理厂及再生水厂的生产运营情况，包括污水处理量、出水标准、年累计用电量、再生水产量等。再生水处理属于污水处理的深度阶段，故针对再生水厂，其统计的用电量包含两部分，一部分是将污水处理到一般中水的过程；另一部分是将一般中水进一步处理，达到相应的再生水标准的过程，两部分的耗电量综合统计，不再分开。

第3章 京津冀水循环能耗解析

3.1 北京社会水循环全过程能量解析

3.1.1 北京水资源状况

（1）北京用水总量缓慢增加，新水取用量保持稳定

近年来北京市持续开展综合节水工作，通过不断优化产业结构、采用节水工艺及节水精细化管理等，抑制了用水总量的迅速增长，在经济飞速发展的同时，经济社会用水总量自20世纪90年代中后期开始，经历了短暂的下降过程。21世纪开始，随着人口的持续增长、环境用水要求的提升，以及节水潜力的前期释放，全市用水总量呈现缓慢增长的态势（图3-1）。2017年，用水总量达到39.5亿 m³，较2004年增长5亿 m³。

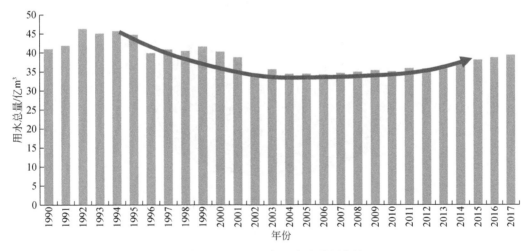

图3-1 1990~2017年北京市总用水量

另外，尽管北京市用水总量缓慢增长，但是由于节水与非常规水的充分利用，自20世纪90年代中期，全市新水取用量持续下降，近几年保持稳定。1994年北京市新水取用量为45.87亿 m³，2017年仅为29亿 m³，下降了37%（图3-2）。

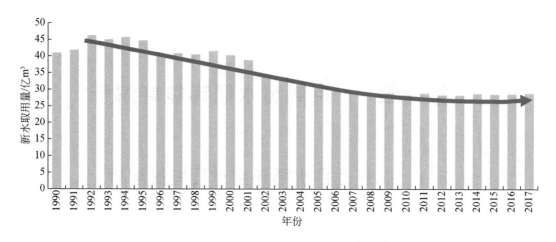

图 3-2　历年北京市新水取用量

（2）用水结构发生显著变化，生活用水和生态环境用水占比逐年增加

北京市用水结构不断优化，2017 年北京市用水总量为 39.5 亿 m^3，其中生活用水量为 18.3 亿 m^3，占用水总量的 46%；环境用水量为 12.7 亿 m^3，占用水总量的 32%；工业用水量为 3.4 亿 m^3，占用水总量的 9%，农业用水量为 5.1 亿 m^3，占用水总量的 13%（图 3-3）。

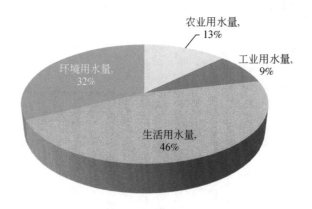

图 3-3　2017 年北京市用水结构

1990~2017 年（图 3-4），北京市用水结构呈现"两增两减"的趋势，工业用水和农业用水因用水效率提高且受严格管控影响，呈逐年下降趋势，占比分别由 30% 和 53% 下降到 9% 和 13%。生活用水受人口规模膨胀、生活质量提高的影响，用水量持续上升，占比由 17% 提升到 46%。近些年来，环境用水逐渐被重视起来，河道基流、湖泊水系、市政绿化等用水量大幅增加，2012 年后环境用水量首次超过工业用水量。

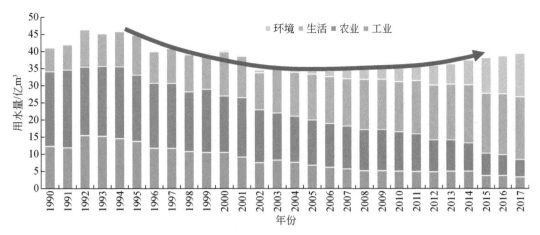

图 3-4　历年北京市用水结构变化情况

（3）用水效率显著提升，目前已经处于先进水平

在综合节水措施下，北京市用水效率显著提升。一方面人均用水量大幅下降，2017 年北京市人均用水量 182m³，比 2001 年的人均用水量 281m³ 下降了 35%（图 3-5）；另一方面万元 GDP 用水量逐年下降，2017 年为 14.1m³，仅为 2001 年的 10%（图 3-6）；万元工业增加值水耗约为 8.19m³，不足 2001 年的 15%（图 3-7）。

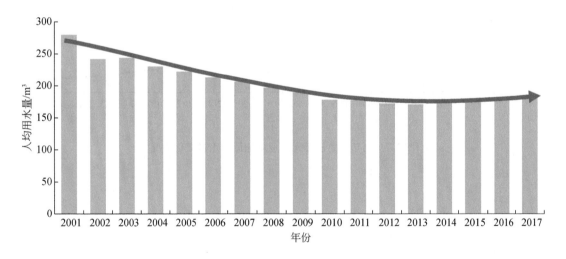

图 3-5　历年北京市人均用水量变化情况

从国际对比来看，北京市人均用水量只为智利的 8%，在所获取的 35 个国家和地区中排名倒数第三，属于水资源严重短缺地区（图 3-8）；万美元 GDP 用水量处于国际上游水平，仅次于法国（图 3-9）；万美元工业增加值用水量属于国际先进水平，优于新加坡（图 3-10）。

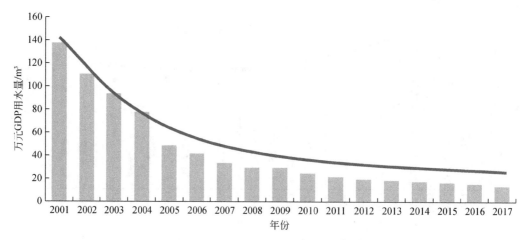

图 3-6 历年北京市万元 GDP 用水量变化情况

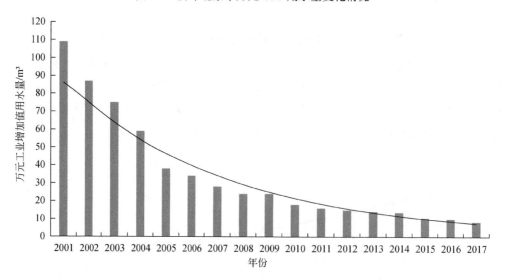

图 3-7 历年北京市万元工业增加值用水量变化情况

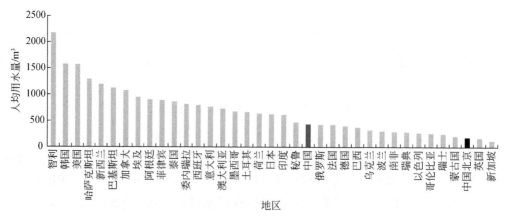

图 3-8 人均用水量国际对比情况

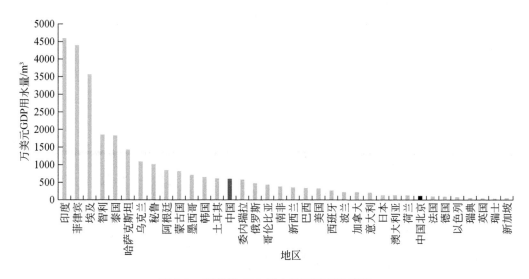

图 3-9 万美元 GDP 用水量国际对比情况

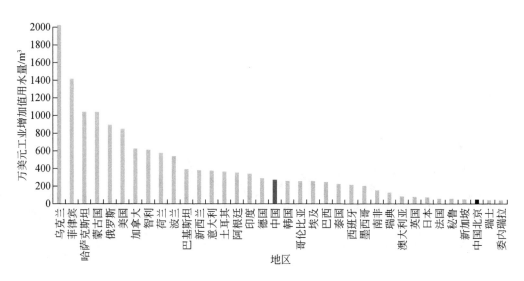

图 3-10 万美元工业增加值用水量国际对比情况

（4）供水结构发生重大改变，当地水资源短缺形势得到缓解

从 20 世纪末，北京市本地可供水量呈现衰减态势。根据 1956～2000 年水资源评价成果，北京水资源总量为 37.4 亿 m³，其中地表水资源量为 17.7 亿 m³、地下水资源量为 25.6 亿 m³，而近一个时期北京市水资源急剧衰减，根据 1999～2011 年水资源评价成果，北京市平均降水量为 481mm，比 1956～2000 年的降水量 585mm 少了将近 18%，水资源量为 21.6 亿 m³，比 1956～2000 年少了 42%，入境水量也由 1956～2000 年的 21.1 亿 m³ 锐减到 4.7 亿 m³。1999～2017 年，仅有 3 年降水量超过 1956～2000 年多年平均水平（图 3-11 和图 3-12）。

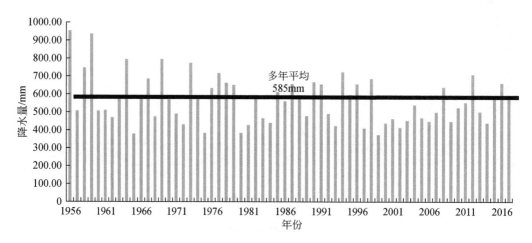

图 3-11　1956～2017 年北京市降水量变化

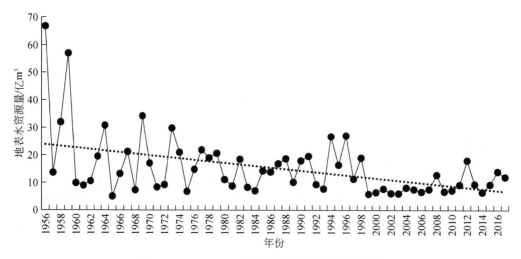

图 3-12　1956～2017 年北京市地表水资源量变化

通过对北京市近 541 年旱涝资料分析（图 3-13），结果表明北京市旱涝交替出现，且呈现出长期干旱特征，如 30～50 年持续干旱的情况多次发生，且最近 100 年是 500 多年来干旱最为严重的 100 年，而近 50 年又比前 50 年更加严重，1999 年以来北京市的持续干旱也证明了这一观点。而根据预测，北京市在未来几年的干旱态势可能仍将持续，北京市本地水资源紧缺的局面短期内将很难逆转。

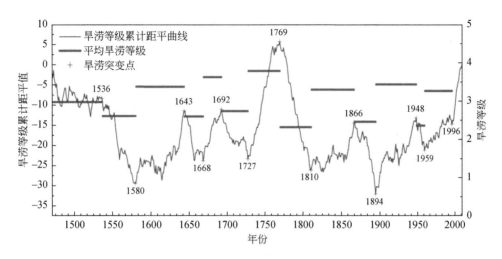

图 3-13　北京市近 541 年旱涝等级累积距平分析

2003 年以来，北京市逐步推进再生水利用，并持续加大利用力度，一定程度上缓解了水资源短缺形势。特别是 2014 年南水北调通水以后，外调水在供水体系中逐渐发挥了巨大作用，北京市供水结构发生了重大改变。2017 年北京市供水总量为 39.51 亿 m³，其中地表水供水量为 3.57 亿 m³，占 9%，地下水供水量为 16.61 亿 m³，占 42%，再生水供水量为 10.51 亿 m³，占 27%，外调水供水量为 8.82 亿 m³，占 22%（图 3-14～图 3-16）。

图 3-14　北京市供水结构变化情况

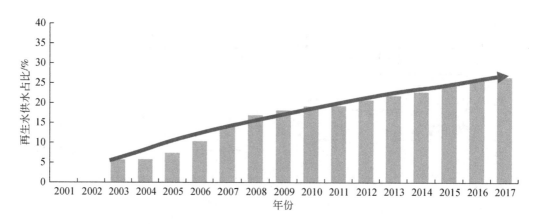

图 3-15　北京市再生水供水占比情况

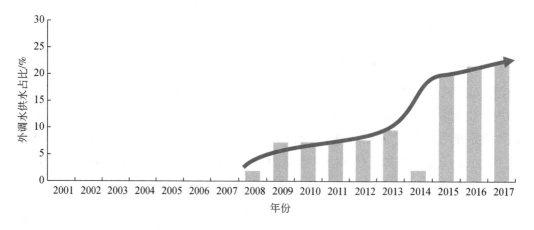

图 3-16　北京市外调水供水占比情况

（5）地下水超采治理取得成效，地下水位得到有效控制

2004 年北京市地下水开发利用量为 26.8 亿 m³，占比为 78%，达到历史最高，年超采量接近 10 亿 m³。随着再生水利用和外调水的增加，北京市地下水供水占比自 2004 年逐步下降，至 2017 年地下水供水量下降到 16.61 亿 m³，仅为 2004 年的 62%（图 3-17）。2015 年开始，北京市地下水开采量持续低于区域地下水资源量，地下水超采得到有效遏制（图 3-18）。

图 3-19 为历年北京市地下水平均埋深变化情况，2017 年埋深为 25.2m。从历史时期看，20 世纪 60 年代北京市地下水平均埋深为 3.2m，90 年代为 12.3m，尽管目前北京市地下水位下降的趋势得到了遏制，但是地下水系统修复的任务仍很繁重。

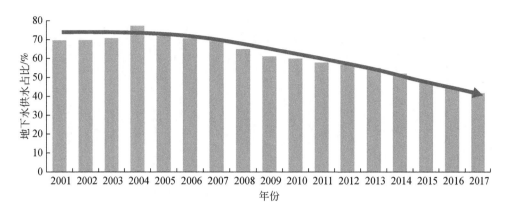

图 3-17　北京市地下水供水占比情况

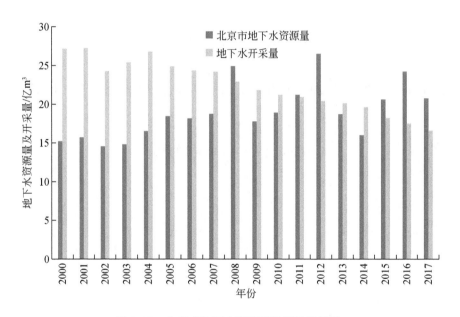

图 3-18　北京市地下水资源量及开采量情况

3.1.2　北京能源概况

（1）能源资源匮乏，本地生产量逐年下降

北京属于能源资源严重短缺地区，在一次能源供给中，主要有煤炭和水电，2000 年一次能源供给量为 523.7 万 tce，2017 年下降到 416.9 万 tce，100% 的天然气和石油依靠外省供应，95% 的煤炭依靠山西、内蒙古、河北等省份输入。二次能源供给量从 2000 年的

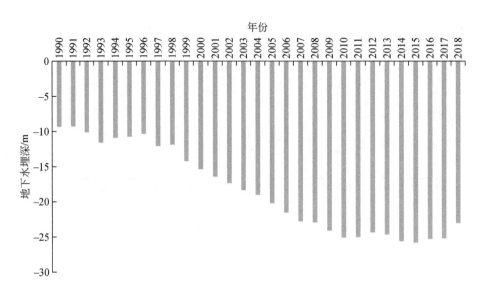

图 3-19 北京市地下水平均埋深情况

2461.6 万 tce 上升到 2017 年 3316.6 万 tce，其中从外省调入电力占二次能源供给的 26%（图 3-20）。

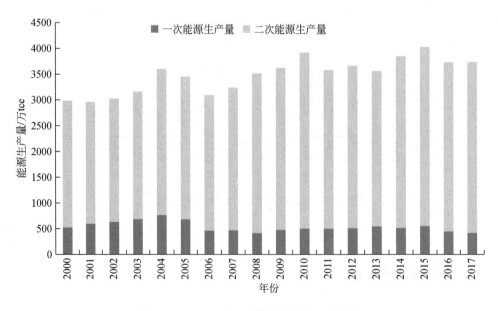

图 3-20 2000～2017 年北京市能源生产情况

（2）能源消费总量持续增长，消费结构更加合理

北京市能源消费总量的 94% 依靠外部供给，对能源消费的需求规模不断扩大。2017

年北京市全社会能源消费总量为 7132.8 万 tce，是 2000 年的 1.72 倍。2000～2017 年第一产业和第二产业能源消费比例分别由 2% 和 58.5% 下降到 1% 和 25.9%，2008 年以后，第三产业能源消费量超过第二产业能源消费量，成为北京市能源消费最大行业，约占49.3%。随着北京市居民人口数量的增加，以及生活水平的不断提高，居民生活能源消耗从 2000 年的 533.5 万 tce 增加到 2017 年的 1697.3 万 tce，增加了 2.18 倍。三次产业结构的调整，使得能源消费结构更加合理（图 3-21）。

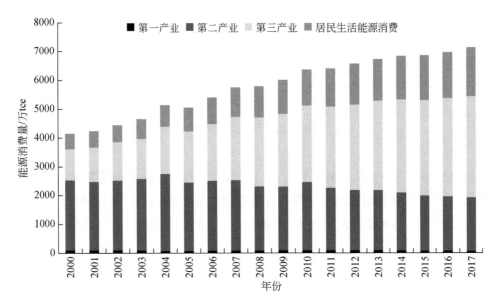

图 3-21　2000～2017 年北京市能源消费结果变化

（3）能源消费弹性系数下降，经济增长对能源依赖性降低

能源消费量增长率与经济增长率之间的比值被称为能源消费弹性系数，其反映能源与经济增长的相互关系。2000～2017 年北京能源消费弹性系数平均为 0.36；2000～2010 年能源消费年均增速达到 5.3%，经济年均增速则达到 11.7%，经济增长对能源的依赖程度较高，这 10 年的年均弹性系数为 0.45。2011～2017 年北京市经济发展方式逐渐转变，第三产业逐渐成为经济增长主要行业，经济增长对能源依赖程度稳步降低，能源消费年均增速仅为 1.7%，而同期经济年均增速为 7.3%，其间年均弹性系数降至0.23（图 3-22）。

（4）能源利用效率逐渐提升，消费品种不断绿色化

随着北京市产业结构的调整和经济发展方式的转变，能源利用效率也持续提高。以 2000 年为基期，北京市 2000 年万元 GDP 能耗为 1.31tce，2005 年首次低于 1tce，为0.902tce；到 2017 年，万元 GDP 能耗降至 0.439tce，比 2000 年下降 66%（图 3-23）。北

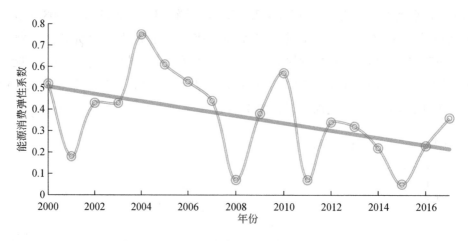

图 3-22　2000～2017 年能源消费弹性系数变化

京市的能源也开始向清洁化、绿色化发展，电力、天然气、清洁油品等优质能源比例大幅度增加。2000 年煤炭和油品消费量占能源总消费量的 54.13% 和 36.51%，2017 年煤炭和油品的消费比例下降到 5.65% 和 33.80%，天然气和电力消费量比例达到 58.42%（图 3-24）。

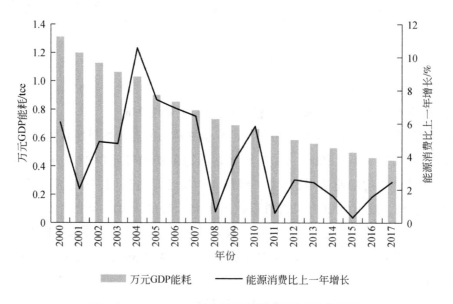

图 3-23　2000～2017 年北京市能源利用效率变化情况

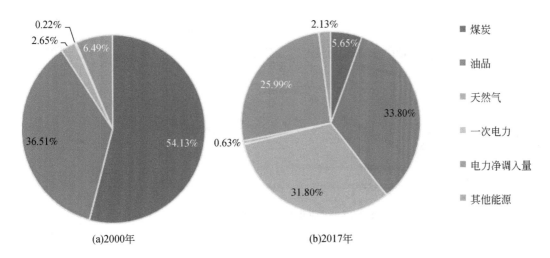

图 3-24　2000 年与 2017 年北京能源消费结构对比

3.1.3　北京社会水循环过程的能量消耗

（1）北京市水资源开发利用全过程能耗特征

社会水循环包括取水、供水、输水、排水、再生回用等过程。在取水过程中，2017 年北京市取用水量为 39.5 亿 m³，地下水供水占总供水量的 42%，再生水占总供水量的 26%，外调水占总供水量的 22%。其中 11.83 亿 m³ 的水资源由自来水厂处理，供给生活、部分工业利用。在取水和输水工程中，有 3.76 亿 m³ 的水资源漏损。在用水过程中，生活用水量占比最大，占用水总量的 46%；生态环境用水占用水总量的 32%。通过污水管网收集污水 13.85 亿 m³，污水处理量为 12.74 亿 m³，污水处理率达到 92%。再生水利用量达到 10.51 亿 m³，其中 0.6 亿 m³ 用于工业生产，其余排入河道进行生态补水（图 3-25 和图 3-26）。

（2）2005～2017 年北京市供水能耗变化

过去几年北京市的供水量处于稳定状态，但其供水结构进行了巨大调整，如 2005～2017 年北京市再生水供应量从 2.6 亿 m³ 增加到 10.5 亿 m³，增加了约 3 倍，再生水成为北京市仅次于地下水的第二大水源。跨流域调水作为另一种非常规水源，其使用量也在逐年增加，至 2017 年，其占比达到了 22%。为了评价供水结构变化对能耗的影响，本研究计算了 2005～2017 年的供用水相关能耗 ［图 3-27（a）］。由图 3-27（a）可知，过去十几年北京市的供水量只增加了 15%，但供水能耗却增加了 2.4 倍，从 13 亿 kW·h（2005年）增加到 44 亿 kW·h（2017 年）。此外，图 3-27（a）中显示能耗变化的拐点有两个，

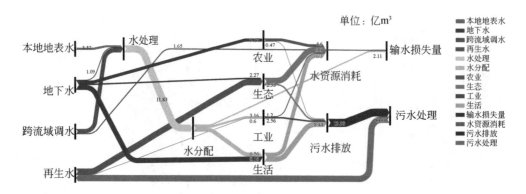

图 3-25　北京市社会水循环全过程水流

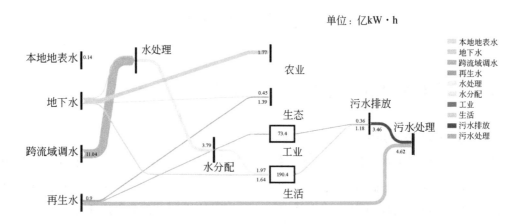

图 3-26　北京市社会水循环全过程能流

分别为 2008 年和 2015 年。2008 年之前，供水能耗以每年 25% 的速度显著增加；2008 ~ 2015 年的供水能耗上升趋势相对较缓，为每年 4%；2015 年之后，供水能耗再次以每年 23% 的速度增加。

北京市不同供水水源的耗能情况如图 3-27（b）所示。图 3-27（b）中显示 2005 ~ 2008 年北京供水耗能快速增长，其原因主要是再生水使用量增加导致再生水处理能耗上升。2008 年，第 29 届夏季奥林匹克运动会在北京举办，"绿色奥运"成为此次活动的宣传口号。为了践行这一口号，北京市提出，到 2008 年城市污水处理率和再生水利用率分别达到 90% 和 50%①。2005 ~ 2008 年，北京市新建了六个再生水厂，导致再生水处理能耗

---

① 绿色奥运北京加快实现奥运环境目标. http：//news. sina. com. cn/o/2006-05-02/07518837482s. shtml［2006-05-02］.

显著增加。2015 年后,跨流域调水则是供水能耗显著增加的主要原因。作为北京市唯一的调水工程,南水北调中线工程于 2014 年 12 月正式实施,2015 年南水北调工程向北京供水 8.8 亿 m³,其调水耗能达 3.2 亿 kW・h。

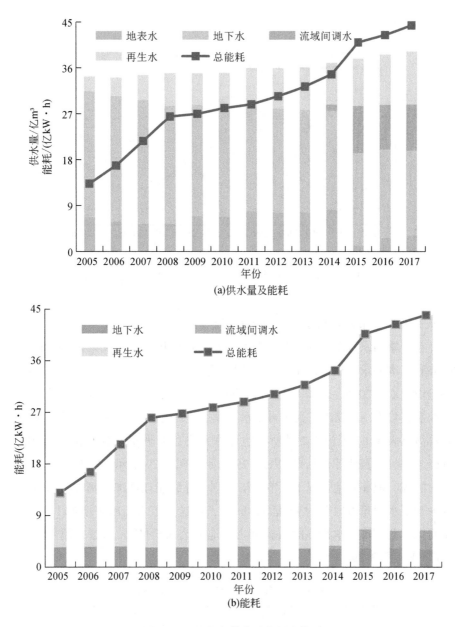

(a)供水量及能耗

(b)能耗

图 3-27　北京市供水及能耗变化

作为我国典型的缺水型城市,北京市的可利用水资源量与需水量之间存在 20 亿 m³ 以上的缺口（图 3-28）。为满足经济社会发展和人口增长的水资源刚需,北京市正在开发并推广一些高能耗的供水水源。然而通过上述分析可知，北京市以增加能耗为代价来缓解当地供水压力，且北京市的电力生产方式主要为火力发电，因此供水能耗的增加意味着更多的温室气体和其他空气污染物的排放。

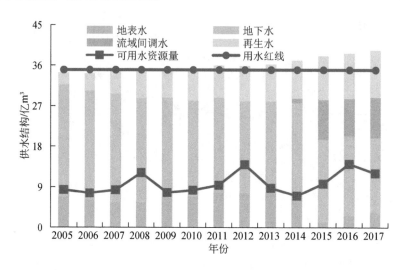

图 3-28　2005～2017 年北京市供水总量和可利用水资源量

（3）未来北京市节水城市建设对能源消耗影响

面对日益严峻的水资源短缺风险，节约用水是保障供水安全和未来经济社会稳步发展的必然趋势和基本要求。根据北京市政府 2016 年 4 月发布的《北京市"十三五"时期节水型社会建设规划（2016—2020 年）》（以下简称《建设规划》），2020 年北京市水资源使用总量将控制在 43 亿 m³ 以内，其中再生水用量为 12 亿 m³。《建设规划》所实施的五项节水措施具体见表 3-1，通过 2.2 节所示的计算方法，本研究对不同节水活动所导致的能耗变化进行了评价，具体评价结果如图 3-29 所示。图 3-29 显示，在某些情况下，节约用水可以节约能源，但在其他情况下，节水措施则会导致能耗增加。例如，通过增加再生水用量来减少地下水用量可以节约 15 亿 m³ 的水，但这一节水措施将增加 1 亿 kW·h 的能耗。总体而言，北京市节水措施的实施可为当地节约 3.5 亿 m³ 水量，但供水能耗将增加 7400 万 kW·h（图 3-29）。

表 3-1　2016～2020 年实施的节水活动

水循环	具体措施	单位	当前值	2020 年规划值
水的生产	通过增加跨流域调水的使用来减少地下水的开采	万 m³	—	26 000
处理和分配	降低城市供水管网渗漏率	%	15	10

续表

水循环	具体措施	单位	当前值	2020年规划值
最终使用	提高工业水循环利用率	%	89.7	91.4
	提高农田灌溉用水的利用效率	%	0.705	0.75
再生水处理	通过增加循环水的使用来减少地下水的开采	万 m³	—	15 100

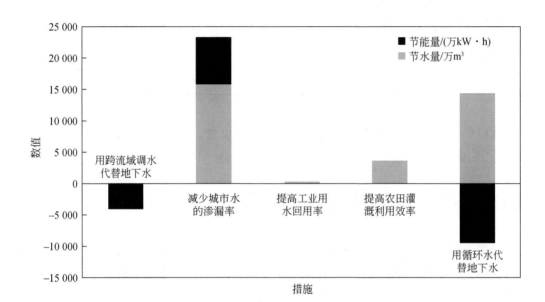

图3-29 在节水活动中的能耗

当节能量为负时，表示消耗了能量，反之则意味着节能

3.2 天津市火电厂水–能–环境系统耦合评价

燃煤电厂水–能–环境系统耦合优化和评价对电厂深度节能减排具有重要的应用价值，同时也是国内外学术前沿。本研究在现有燃煤电厂模型基础上，集成了水利用的过程，构建了完整的燃煤电池水–能–环境耦合模型，在此基础上，采用G1-灰度关联法，以天津市某三个燃煤机组运行参数为例（表3-2），开展燃煤电厂水–能–环境关联度评价，相关成果可为火电厂的深度节水节能和超净排放技术遴选提供更科学更综合的理论支撑。

表3-2为三个300MW机组设计参数，作为模型输入性数据。

表 3-2　模拟输入性参数

参数	A 电厂	B 电厂	C 电厂
功率/MW	300	300	300
主蒸汽温度/℃	538	537	537
主蒸汽压力/MPa	19	17.45	17.45
主蒸汽流量/(t/h)	1025	1025	1159.89
再热蒸汽温度/℃	538	537	537
再热蒸汽压力/MPa	3.74	3.557	3.647
再热蒸汽流量/(t/h)	846	892.48	1024.4

除此以外还需要对作为非常规固体的煤进行设置。三个电厂煤的组分包括水分（5%）、固定碳（44.72%）、挥发分（39.37%）、灰分（10.91%）。

3.2.1　水–能–环境耦合度评价方法

目前燃煤机组最常用的评价标准是标准煤耗率，但是这个指标仅仅代表了燃煤机组的经济性指标，不足以代表燃煤机组的整体情况。无法判断对水资源的利用和环境的影响。因此建立一个全面、准确的综合评价体系十分关键。

（1）综合水平模型

首先要对燃煤机组的水–能–环境耦合系统的协调发展水平进行计算，对电厂的基本情况进行评估。在目前的研究中，主要有主观和客观两种评价方法。为了兼顾主观和客观因素，本节选择改进的灰色关联度法（gray relative analysis，GRA）对燃煤机组的水–能–环境耦合模型进行综合性评价。灰色关联度基于客观数据进行计算，而改进的灰色关联度则会在客观数据的基础上从实际的角度进行人为干预和修正。在进行评价过程中，改进的灰色关联度法计算关联度，计算与最优值的最大相似值，代表该电厂当前的综合发展水平。最优值 1 是能效高、用水量少、节水措施良好、环境措施良好、污染物排放量少的综合最优表现。具体计算流程以及相应的公式如图 3-30 所示。

（2）协调度模型

耦合这个概念来源于物理学，系统耦合是指各子系统通过相互影响和作用带动彼此良性互动的过程，各子系统间存在动态关联关系。而协调度是用来表示系统与系统之间协调性的度量标准。利用协调度模型可衡量燃煤机组的用水、能源和环境三者之间，以及子系统两两之间的相互影响程度或耦合关系。本节基于综合发展水平，建立水–能–环境耦合系统及其子系统的协调度。

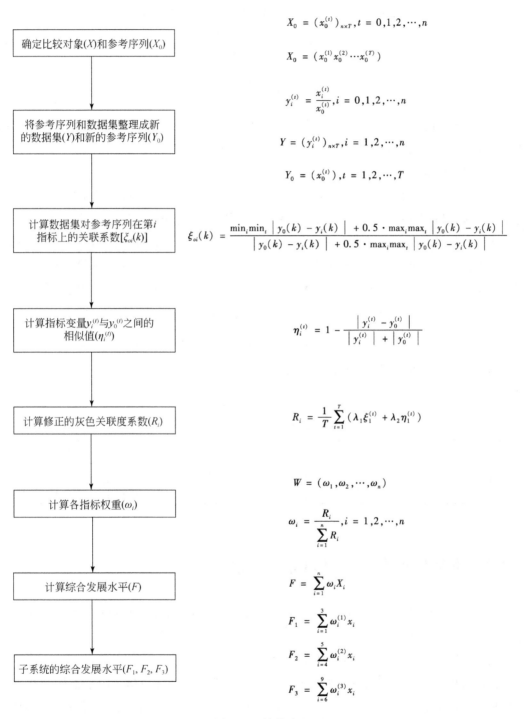

图 3-30　计算流程

将整个系统的协调度定义为 $D(i, j, k)$，$i, j, k = 1, 2, 3$：

$$D(i,j,k) = \left[\frac{F_i F_j F_k}{(F_i + F_j + F_k)^3} \right]^{\theta} \tag{3-1}$$

$$D(i,j) = \left[\frac{F_i F_j}{((F_i + F_j)/2)^2} \right]^{\theta} \tag{3-2}$$

式中，F_i、F_j、F_k 为各系统的综合发展水平；$D(i, j)$ 表示各系统两两之间的协调度；θ 为调节系数，本研究在分析和计算的基础上取值为 3。

（3）协调发展水平模型

综合水平可评价机组各部分的运行水平，协调度可以反映两个或者两个以上子系统内部耦合情况。协调度和综合水平属于不同维度和不同含义的评价指标，为了兼顾两者的差异，选用几何平均的方法将系统的综合水平和协调度进行综合，称为协调发展水平。协调发展水平代了某电厂在某种水平下的协调程度。因此，第 i 个子系统和第 j 个子系统之间的协调发展水平 $[T(i,j)]$ 和整个系统的协调发展水平 $[T(i,j,k)]$ 分别定义为

$$T(i,j) = (\overline{F}_{ij}^a (D(i,j)^\beta))^{\frac{1}{\alpha+\beta}} \tag{3-3}$$

$$T(i,j,k) = (F^\alpha D(i,j,k)^\beta)^{\frac{1}{\alpha+\beta}} \tag{3-4}$$

为了划分系统的协调发展水平的等级，在此采用了系统协调等级的度量标准表，见表3-3。

表3-3　系统协调等级的度量标准表

等级	严重失调	中度失调	濒临失调	临界协调	初级协调	中度协调	良好协调	优质协调
T	[0, 0.2)	[0.2, 0.4)	[0.4, 0.5)	[0.5, 0.6)	[0.6, 0.7)	[0.7, 0.8)	[0.8, 0.9)	[0.9, 1)

3.2.2　燃煤机组水–能–环境耦合关联度评价

在对燃煤电厂进行综合评价之前，本项目选取了三种类型的指标进行评估。指标的类型和种类如图3-31所示。

三个电厂的参数数据如表3-4所示。

根据流程图，计算得出各指标的权重水平，能源指标为0.354、用水指标为0.232、环境指标为0.414。将三级指标数据代入评价方法，可得三个机组的综合水平 F、协调度水平 D 和协调发展水平 T，结果如表3-5所示。

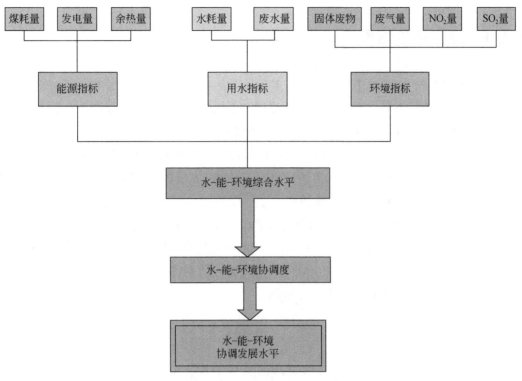

图 3-31　水–能–环境三级指标

表 3-4　燃煤电厂综合性能评价指标

评价指标	单位	A 电厂	B 电厂	C 电厂
X1 煤耗量	t/h	140. 29	154. 46	133. 7
X2 发电量	MW	291. 59	311. 46	313. 32
X3 余热量	MW	38. 15	41. 59	34. 04
X4 水耗量	g/(kW·h)	71 038. 74	65 877. 01	65 486. 21
X5 废水量	g/(kW·h)	2 574. 51	2 066. 61	2 395. 96
X6 固体废物	t/h	1 729. 15	1 654. 00	1 447. 71
X7 废气量	g/(kW·h)	2 466. 75	2 066. 608	1 816. 56
X8 NO_2 量	g/(kW·h)	0. 018	0. 006 6	0. 005 4
X9 SO_2 量	mg/(kW·h)	0. 100	0. 096	0. 083

表 3-5　评价结果

电厂	综合水平 F	协调度水平 D	协调发展水平 T
A	0. 534	0. 677	0. 601
B	0. 742	0. 746	0. 744
C	0. 893	0. 952	0. 922

3.2.3　综合评价结果

在发展过程中，综合水平代表了当前多指标综合水平，而协调度水平决定了各系统之间的影响关系。协调发展水平由水–能–环境耦合系统综合水平以及内部耦合水平决定。根据协调发展水平评价标准可知，0.6 为初级协调的最小值。根据图 3-32，三个机组的协调程度均在初级协调及以上。A 电厂的综合协调发展水平为 0.6，为初级协调，三个子系统的协调发展水平均在 0.6 左右，三个子系统发展相当，发展较为落后，需要进行全方位的改善。B 电厂的协调发展水平为中度协调，主要受到能–环境之间综合协调发展水平的影响，能–水和水–环境之间的综合协调发展水平均为良好协调。因此 B 电厂需要调整能–环境之间的关系，提高能–环境耦合程度。C 电厂的子系统均为良好协调及以上，其中能–环境方面为优质协调。说明在 C 电厂水–能–环境各方面协调程度非常好，尤其是能–环境之间。因此 C 电厂的综合协调水平为良好协调。

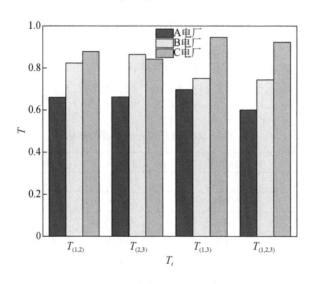

图 3-32　协调发展水平评价

（1）综合水平的分析

从图 3-33 可以看出，对于能源型综合水平，C 电厂表现最好，A 电厂最差。三个电厂的锅炉均为自然循环汽包锅炉，采用四角切圆燃烧和挡板调温，因此三个电厂的运行方式一致。三个电厂采用了三种不同的烟煤。最重要的区别是，三种烟煤的挥发分含量不同。其中 C 电厂的烟煤中干燥无灰基挥发分最高，为 36.75%，A 电厂为 34.99%，B 电厂为 18.37%。挥发分对煤粉的着火和燃烧产生影响。挥发分过低会造成不易着火，挥发分过高会造成结渣，影响出口烟温和主蒸汽温，影响锅炉效率。最终对机组的能源水平产生影响。而且三个机组设置的排烟温度有所不同，其中 C 电厂排烟温度最低，为 120℃，A 电厂为 126℃，B 电厂为 146℃。过高的排烟温度会造成能源的浪费，影响机组的能效水平。在其他条件相同的情况下，从煤质中的挥发分大小和机组排烟温度角度分析，C 电厂比 A、B 两电厂的能源水平较高。与图 3-33 中的能源水平大小关系相同，因此可以证明能源型发展水平的评价与实际情况相符。

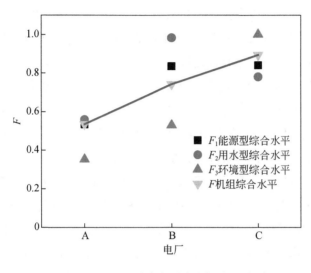

图 3-33　综合发展水平评价

对于用水型综合水平，B 电厂优于 C 电厂优于 A 电厂。三个机组类型相同，都是亚临界、一次中间再热、双缸双排汽凝汽式的 300MW 机组。电厂的冷却水都来自河流，用自然通风式冷却塔进行冷却，对烟气的处理采用湿法脱硫技术。因此三个机组的用水来源和流向基本一致。由于三个机组的建厂时间不同，废水处理设备和效率不同。B 电厂的废水处理设施完善，对除灰用水、湿法脱硫用水等进行集中回收处理，排放量较少，不仅减少了废水排放量，也减少了对外界水源的用水需求。因此 B 电厂用水综合水平在三个电厂中最好。

对于环境型综合水平，C 电厂发展最好，为标准值 1，B 电厂为 0.6 左右，A 电厂最差。三个电厂均配备了脱硫脱硝和除尘设备。但是 A 电厂由于年限较长，脱硫效率仅为 90%，而 B 电厂和 C 电厂的脱硫效率都在 95% 以上。B 电厂的燃料量大于 A 电厂，因此在未脱硫前烟气中 B 电厂的 SO_2 排放量大于 A 电厂的 SO_2 排放量。而 B 电厂脱硫效率高于 A 电厂，因此 B 电厂的环境综合水平大于 A 电厂。

从图 3-33 综合水平趋势也可以看出，C 电厂的发展水平始终处于中上等，而 A 电厂发展水平一直处于下等。因此在综合水平方面，C 电厂>B 电厂>A 电厂，说明目前 C 电厂的综合发展情况最好。在实际电厂中，C 电厂燃料易燃，建厂时间短，设备先进，且对烟气和废水处理效率高，评价结果与实际情况相符。从图 3-33 中也可以看出，C 电厂在能源、用水、环境三个指标上的表现都较好，因此最终的综合水平最好。而其余电厂发展不均衡，导致综合水平较低。因此在电厂的发展过程中，保证能源、用水、环境三者之间均衡发展、协同优化是提高电厂综合发展水平的关键。

（2）协调度水平的分析

耦合代表了两个或两个以上实体相互依赖对方的度量，协调度代表了两个或者多个系统之间的互相影响关系。例如，在污染物排放量方面，C 电厂排放量最少，B 电厂次之，A 电厂最多。这是由于 C 电厂本身煤耗量少，产生的污染物最少。而 B 电厂的燃煤量大于 A 电厂，因此 B 电厂的污染物排放量小于 A 电厂。主要原因是 B 电厂的脱除效率为 0.95，而 A 电厂的脱除效率仅为 0.9。说明污染物的排放不仅受到燃料量的影响，也受到环保设施的影响，证明了能-环境之间存在相互影响的关系。机组的能-环境耦合协调度越高，代表该机组处于高能效、低污染的阶段。其余系统耦合协调度同理。

由图 3-34 可知，对于水-环境协调度，B、C 电厂耦合度较高，接近于 1，A 电厂最差，但是也处于 0.8 以上。三个系统的环保措施中均有湿法脱硫，该技术在使用过程中需要用到大量的水，因此脱硫环节受用水量的影响较大，表现为三电厂的水-环境协调度较高。而三电厂协调度水平大小略有差别的原因是三者的脱硫效率和污染物量本身不同，对水的需求量不同，对整个机组用水量和废水量的影响程度不同，因此协调度水平存在差别。对于水-能子系统，C 电厂耦合度最好，B 电厂与 C 电厂非常接近，接近标准值 1，A 电厂最差，在发电过程中需要用水作为工质传递热量。越高的能量需要越多的工质进行传递，而且蒸汽做完功需要冷却水进行冷却，因此三电厂的用水和能量耦合度较大。对于

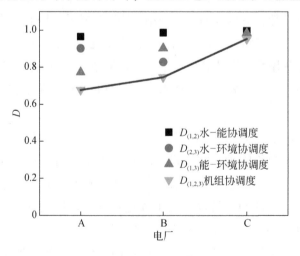

图 3-34　协调度评价

能–环境协调度，C 电厂最高，B 电厂次之，A 电厂最低。C 电厂的燃料燃烧与烟气排放耦合程度大。因为 C 电厂的环保设备脱除效率较高，接近 100%。因此污染物排放量仅与燃料量有关。

通过对协调度的研究，可以得到电厂水–能–环境耦合的互相影响程度，并根据耦合关系薄弱的环节提出建议，进行针对性改善。

3.2.4 对不同工况的模拟及评价

燃煤机组在运行过程中，为了满足不同时段的供电需求，需要进行调峰。为了满足调峰任务，燃煤机组需要调整到不同的工况进行匹配。但是针对运行过程中不同工况，除了发电量、煤耗量等能源的影响外，对用水、环境以及对能源、用水、环境三者之间耦合度都产生了不同程度的影响。但是这种影响优劣以及影响的程度都无法得知。为了定量且定性分析不同工况的优劣以及对水–能–环境耦合的影响。本节首先对不同工况进行模拟，针对不同工况的运算结果进行分析，采用水–能–环境耦合评价方法对其进行评价。

本项目选取 A 电厂作为研究对象，设置负荷量为设计负荷的 75% ~ 95%，以 5% 的发电量为间隔对五个工况进行模拟（表 3-6）。参考机组调峰的运行规则，对主蒸汽、煤耗量等基本参数进行调整，保持机组设备不变的情况下，只改变输入性参数，最大限度真实模拟机组调峰状况。调峰过程中的输入性参数见表 3-6。

表 3-6　五个工况的输入性参数

输入性参数	0.95	0.9	0.85	0.8	0.75
煤耗量/(kg/h)	133 277.4	126 262.8	119 248.2	112 233.6	105 219
空气量/(kg/h)	1 506 955	1 427 641	1 348 328	1 269 014	1 189 701
主蒸汽流量/(kg/h)	973 750	922 500	871 250	820 000	768 750
主蒸汽压力/bar	180.50	171	161.5	152	142.5
再热蒸汽流量/(kg/h)	794 750	743 500	692 250	641 000	589 750
再热蒸汽压力/bar	35.758	33.876	31.994	30.112	28.23

注：$1bar = 10^5 Pa$。

运行后得到三个机组的运行参数，利用得到的参数进行综合评价，得到五个不同工况机组的评价结果。

从图 3-35 可以看出，协调发展水平随机组负荷值降低而降低，与综合水平和协调度水平的发展趋势保持相同。根据协调发展水平评价可知，75% 负荷属于初级协调，80% 与 85% 负荷属于中度协调，90% 负荷属于良好协调，95% 负荷属于优质协调。在机组调峰过程中，实际工况与设计值偏差大，不仅影响机组自身的综合水平，而且会造成能源用水协调度减弱，引起机组协调发展水平变差。

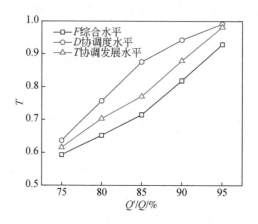

图 3-35　不同负荷机组评价趋势

（1）不同工况综合水平的分析

由图 3-36 的结果可知，五个不同工况的综合水平随着机组负荷量减少而下降。首先是能源综合水平，随着机组设计负荷量越来越低，实际运行负荷和设计负荷的差值也随之增大。在机组运行过程中，当运行参数与设计参数保持一致时，机组的经济性最优。当运行参数偏离设计参数时，此时的运行状态被称为变工况。随着机组进汽参数降低，机组的有效熵降减小，循环热效率下降，因此发电量与设计工况会产生偏差。造成的结果是，使用相同的煤耗量，产生的电量却在变少。因此随着设计负荷的降低，能源综合水平越来越低。用水综合水平的变化也呈现出同样的趋势，且下降的速度比能源综合水平快。在保证环保侧用水随设计工况同比例改变的前提下，机组的用水量和废水量主要受汽水循环的影

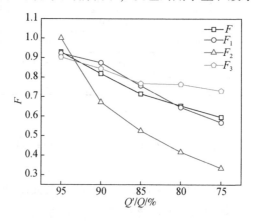

图 3-36　不同工况的综合水平评价

响。而汽轮机主蒸汽流量随着设计工况改变，但各级的抽汽量并没有发生改变，因此对再热蒸汽流量产生影响。负荷值越小，再热蒸汽流量变化越大，加剧用水的需求，因此用水综合水平的变化速度越来越快，且呈下降趋势。环境水平是三个机组下降趋势最平缓的综合水平。首先是由于各个环保设备的脱除效率保持不变，污染物排放量仅与煤耗量和发电量有关，而煤耗量与设计比例成正比，因此最终的影响因素只有发电量。实际发电量与设计值相差越大，对应负荷下单位发电量排放的污染物含量越多，因此最终环境水平显示随着设计工况的下降不断下降。三个二级指标的综合水平均随发电量呈下降趋势，且间距越来越大，产生的结果是机组的综合水平显示出随着设计工况的下降随之降低的趋势。

（2）不同工况协调度水平的分析

由图 3-37 的协调度水平趋势可知，机组的协调度随着负荷值下降而下降。下降趋势最缓的是能–环境协调度，五个工况下都保持了相对较高的协调度。对于同一个机组，环保设备的效率保持不变，因此不同工况污染物排放量直接取决于给煤量。在这种情况下，能源与环境指标的联系十分紧密，在不同的工况下都保持较高的水平且下降趋势缓慢。对于能–水协调度，机组以水为工质传递能量，因此机组的用水与能源本身的联系十分紧密。但随着机组工况不断偏离设计工况，用水量对发电量的影响不断减弱，因此显示出随着设计工况减小，能–水协调度越来越小的趋势。用水环境协调度水平是三者之间协调度最弱的，主要是随着机组的工况不断偏离设计工况，单位发电量的用水量增多，而相比之下，机组的废水和脱硫用水等对总体用水量的占比越来越小。因此用水和环境之间的耦合程度不断减弱。三个子系统间协调度水平均随负荷值降低而降低，因此整个机组的协调度也在下降。

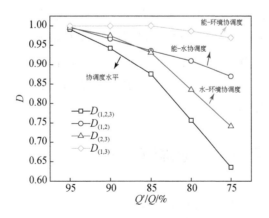

图 3-37　不同负荷的协调度水平评价

本节提出的基于改进的灰色关联度综合评价模型，可以很大程度解决燃煤机组取值难、耗时长、评价不全面的难题。这个模型可以为燃煤机组在资源利用、环境保护、生产生活方面的优化和发展提供理论依据。

3.3 河北省农业灌溉与能源关系研究

3.3.1 河北省井灌区地下水利用情况

河北省位于华北平原，属于温带半湿润半干旱大陆季风气候，大部分地区四季分明，干湿期明显。全省年平均气温在 1.7～14.2℃，年平均降水量在 350～770mm，多年平均降水量为 514mm，年际变化大，降水主要集中在 6～8 月。河北省平原是我国 13 个粮食主产区之一，2015 年全省耕地面积为 9788 万亩①，有效灌溉面积为 6672 万亩，农作物总播种面积为 13 110 万亩，其中粮食作物播种面积为 9589 万亩（包括复种），粮食总产量为 3364 万 t，约占全国粮食总产量的 5.4%。河北省也是水资源严重紧缺的地区，多年平均水资源量为 204.7 亿 m³，仅占全国水资源量的 0.48%，多年平均地表水资源量为 120.1 亿 m³，其中山区 102 亿 m³，平原区 18.1 亿 m³；多年平均地下水资源量为 122.57 亿 m³，其中山区 65.92 亿 m³，平原区 78.5 亿 m³。地下水灌溉是河北省农业灌溉的主要方式，截止到 2015 年，河北省配套农用机井 87 万眼，控制灌溉面积 5610 万亩，占全省有效灌溉面积的 84%。小麦-玉米复种是河北省粮食生产的主要模式，该模式多年平均蒸腾蒸发量为 870mm，扣除降水平均每年亏缺约 350mm 水量，需要靠开采地下水供给。长期地下水超采导致河北省地下水位连续下降，平原区农田浅层地下水位由 2～15m（1970 年）下降到 15～60m（2015 年）。地下水灌溉是一个既耗水又耗能的过程，灌溉节水减少了地下水开采量，进而可以减少能耗，而地下水位下降增加了开采的成本又会增加能耗，目前尚没有研究总结河北省地下水灌溉能耗变化规律。本节着重分析 1980～2015 年河北省平原区农业地下水灌溉的水-能纽带变化特征，并探讨灌溉耗能增加的原因，定量计算农业节水和地下水位下降对灌溉耗能的影响。

3.3.2 农业灌溉面积及农业灌溉水量

1980 年以来河北省井灌区有效灌溉面积平均以每年 4 万 hm² 的速度增长，从 1980 年的 320 万 hm² 增加到 2015 年的 450 万 hm²（图 3-38），但是灌溉面积的增加并未导致灌溉水量的增加（图 3-39），井灌区灌溉水量从最高峰的 180 亿 m³ 降低到当前的 136 亿 m³。亩

---

① 1 亩≈666.67m²。

均灌溉水量也由 1980 年的 334m³（500mm）下降到 2015 年的 200m³（300mm）（图 3-40）。而同期区域的降水量并没有显著的变化，如图 3-41 所示，从趋势上看，过去 30 多年降水仅有 0.26mm 的增长趋势，相当于多年平均降水量的万分之五左右，因此可以认为降水变化因素对亩均灌溉水量影响很小，不是导致灌溉水量减少的主要因素。研究认为，河北省灌溉水量下降的主要原因是 30 多年来在水资源短缺的胁迫下河北省采取的各项节水措施，包括渠道衬砌、选择抗旱品种、优化灌溉制度等。

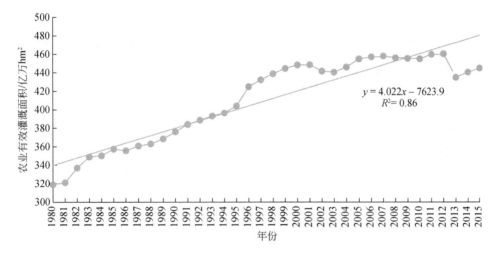

图 3-38　河北省农业有效灌溉面积

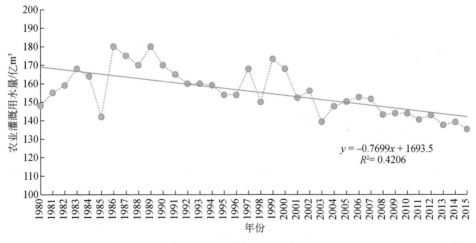

图 3-39　河北省农业灌溉用水量

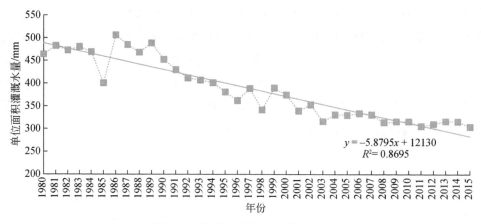

图 3-40　河北省单位面积灌溉水量

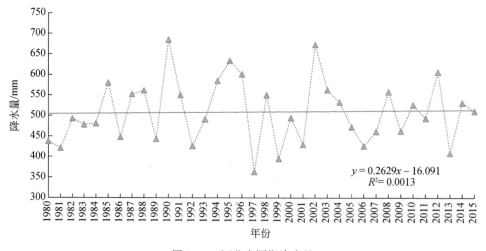

图 3-41　河北省同期降水量

3.3.3　井灌区灌溉能耗情况

尽管灌溉水量逐年减少，但是井灌区的农业灌溉耗电量却逐年增加，从 1980 年的 20 亿 kW·h 大幅增加到顶峰 2014 年的 160 亿 kW·h，2015 年受地下水超采综合治理影响，农业灌溉耗电量有所降低（图 3-42）。由灌溉耗水量除以灌溉耗电量得到每度电的可开采水量，它反映了灌溉过程中的水–能变化关系，从图 3-43 中可以看出，河北省平原地区每度电可开采水量逐渐降低，有四个变化阶段，分别为 1980～1986 年、1987～1998 年、1999～2008 年、2009～2015 年，其中 1987～1998 年和 1999～2008 年两个阶段为剧烈减小期，1980～1986 年和 2009～2015 年为平稳期。假设忽略水泵效率变化因素，每度电可开采水量主要受地下水位影响，地下水埋深增加，每度电可开采水量减少，对比 1980 年以来的浅层地下水位变化（图 3-44），可以看出它们变化趋势大致是一致的，可以验证计算出的每度电可开采水量结果基本是合理的。20 世纪 80 年代每度电可开采水量最高为 8m³，当前每度电仅可开采 1m³，开采地下水的能耗成本大幅提高，对应的每公顷农田灌溉能耗从 600kW·h 增加到 3500kW·h。

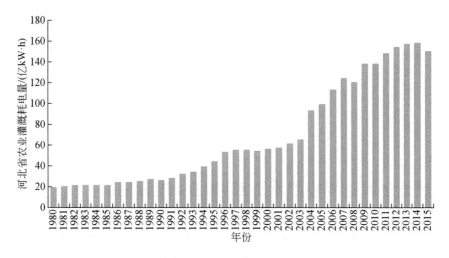

图 3-42　河北省农业灌溉耗电量

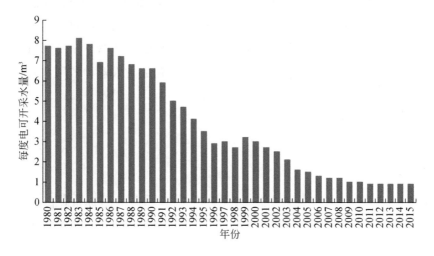

图 3-43　河北省每度电可开采水量

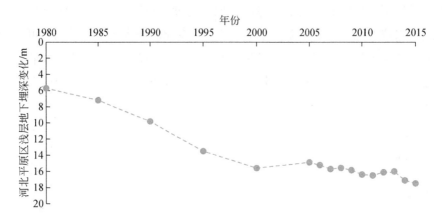

图 3-44　河北省浅层地下水埋深变化

3.3.4　粮食生产过程中的水资源-粮食-能源关系

农业种植生产是水资源-粮食-能源紧密结合的系统，水资源和能源是系统的输入，粮食是系统的输出，单位粮食的耗水量和耗电量是反映水资源-粮食-能源纽带关系的两个关键指标。从河北省平原的粮食产量上看（图 3-45），1980 年粮食产量由 1500 万 t 增长到 3200 万 t，增长了 1 倍多，单位面积粮食产量由 2000kg/hm² 增长到 5100kg/hm²，增长了 1.55 倍。如图 3-46 所示，1980~2015 年河北省平原区生产 1kg 粮食的灌溉耗水量由 1m³ 降低到 0.4m³，减少了 60%，而同期生产 1kg 粮食能耗由 0.12kW·h 增加到 0.45kW·h，增加了 2.75 倍（图 3-47），因此，从灌溉水量上看，河北省农业种植用水效率逐渐提高，

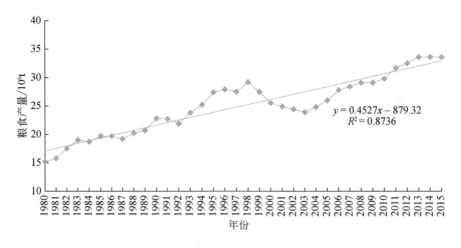

图 3-45　河北省粮食产量

但是从灌溉能耗上看，河北省农业用能效率一直降低。前面分析到节水是灌溉水量降低的主要因素，节水带来粮食灌溉水量的减少，理论上应该同样减少灌溉耗能量，但实际上由于地下水位下降，单位灌溉能耗成本剧烈上升，反而增加粮食的灌溉能耗。

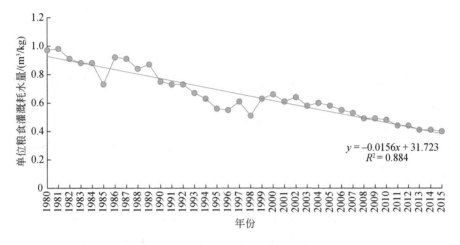

图 3-46　河北省单位粮食灌溉耗水量

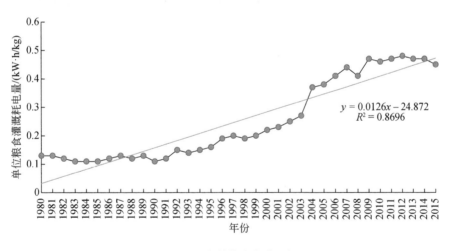

图 3-47　河北省单位粮食灌溉耗电量

3.3.5　地下水位变化对水能关系的影响

影响地下水灌溉能耗的因素有两个，灌溉水量和单位抽水量能耗，灌溉水量受降水和节水措施影响，单位抽水量能耗与地下水位相关，前面分析到降水因素不是影响灌溉水量的主要因素，假定灌溉能耗仅受节水措施和地下水位变化的影响，可以通过去趋势法计算节水措施和地下水位变化对灌溉能耗的影响。

去趋势法是把时间序列中的某因素影响确定性趋势去掉，保留随机波动趋势，对比消除趋势前后的时间序列结果，得到该因素对时间序列的影响，常用在气象因子序列分析中。

$$Q_{\mathrm{detrend},i} = Q_{\mathrm{actual},i} - \alpha \times (i - i_{\mathrm{pivot}}) \quad i = 1,2,3,\cdots,n \qquad (3\text{-}5)$$

式中，$Q_{\mathrm{detrend},i}$ 为去趋势后的序列；$Q_{\mathrm{actual},i}$ 为原始的时间序列；α 为序列的确定性趋势，这里概化为时间序列线性拟合后的斜率；i_{pivot} 为基准年。

通过去趋势法假设了两种情景：①假设 1980~2015 年未进行节水措施；②假设 1980~2015 年地下水位未下降。通过这两种假设情景下的灌溉耗能量和实际的灌溉耗能量对比，得出节水措施和地下水位下降对灌溉能耗的影响。

假设 1980~2015 年未进行节水措施，也就是亩均农业灌溉水量维持在 20 世纪 80 年代的水平，那么井灌区的农业耗电量将会达到 3564 亿 kW·h，比实际灌溉能耗高 1089 亿 kW·h（图 3-48）。假设 1980~2015 年地下水位未下降，即每度电可开采水量不降低，那么井灌区灌溉耗电量为 694 亿 kW·h，将会比实际能耗少 1781 亿 kW·h（图 3-49）。对比节水带来的节能，实际上多消耗了 692 亿 kW·h，相当于 6000 万家庭一年的用电量。

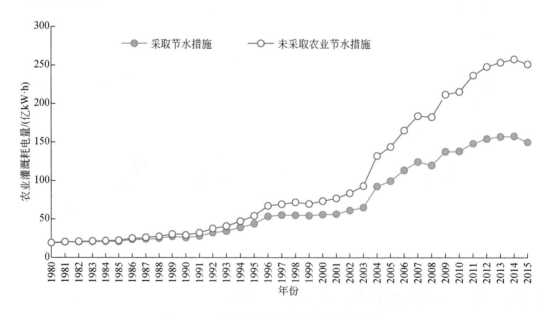

图 3-48　采取节水措施农业灌溉耗电量对比

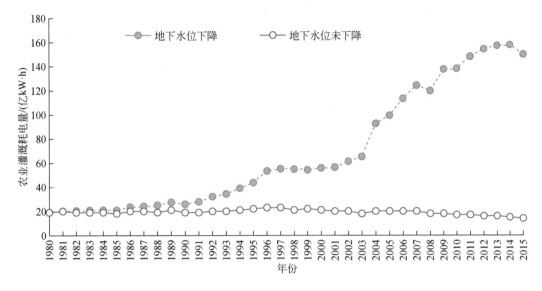

图 3-49　地下水位下降与否时农业灌溉耗电量对比

3.3.6　河北省水资源–粮食–能源关系

1980~2015 年，河北省井灌区农业灌溉水分利用效率不断提高，但是灌溉能源利用效率不断下降，1980 年生产 1kg 粮食需要灌溉 0.8m³ 地下水，消耗 0.12kW·h 电能，到 2015 年则需要灌溉 0.4m³ 地下水，消耗 0.45kW·h 电能。

地下水位下降是井灌区灌溉能耗增加的主要原因，在过去的 36 年间，节水措施累计减少灌溉能耗 1089 亿 kW·h，但是地下水位下降导致灌溉能耗增加了 1781 亿 kW·h，不但抵消了节水的效果，还导致农业灌溉能耗增加了 692 亿 kW·h。

当前河北省农业粮食生产灌溉模式属于"用能源换水源"，较多的研究关注如何提高用水效率，很少的研究关注灌溉能耗，主要是 30 多年来我国电力生产保障能力大幅增加，能耗没有成为限制灌溉的约束条件，而随着国家对节能减排的重视，灌溉耗能的问题逐渐凸显，但目前还没有将能耗指标加入灌溉节水评价体系中，对农业灌溉的能耗重视程度依然不够。过去通常用农田的灌溉水有效利用系数（irrigation water use efficiency，IWUE）反映渠系水利用效率，用粮食的水分利用效率（water use efficiency，WUE）反映作物水利用效率，这两个系数的提高是粮食灌溉用水量减少的主要原因，但是这两个系数的提高并不能完整地反映区域节水的效果，看似农业灌溉用水总量也减少了，用水效率也提高了，但是缺水的形势更加严峻，超采问题更加突出，出现"越节水、越缺水"的悖论，其主要原因是没有根据区域的水资源承载能力去研究灌溉节水，评价节水效果的体系并不完善。

IWUE 和 WUE 分别反映种植过程输水和用水阶段的效率，对水源端的取水效率并没有相应的评价指标，建议将粮食生产中的灌溉能源利用效率（irrigation energy use efficiency，IEUE）指标加入到评价灌溉节水的体系中，因为 IEUE 反映的是地下水位的变化，地下水位需要专门监测井获取数据，从空间分布和监测频率来看都不能及时反映灌溉水的效率，但是灌溉用电是实时统计的，每次灌溉都有相应的记录，能够满足要求。只有当 IWUE、WUE 和 IEUE 三个指标都趋于变好时，才能说明整个区域水资源情势好转，水资源–粮食–能源才能可持续发展。

第4章 南水北调受水区水与能源关系解析及生态效益评价

4.1 南水北调受水区水资源利用情况

4.1.1 受水区基本情况

南水北调工程是解决我国北方地区尤其是黄淮海流域水资源短缺问题、实现我国水资源合理配置的战略性工程。南水北调东线一期工程从江苏扬州江都水利枢纽提水，途经江苏、山东、河北向华北地区提供生产生活用水。中线一期工程将汉江中上游丹江口水库的水源引至河南、河北、北京、天津4个省（直辖市），为沿线十余座大中城市提供生产生活和工农业用水。南水北调工程的实施不仅缓解了北方地区水资源危机，还为受水区地下水修复和生态环境保护创造了有利条件。

根据国务院批准的《南水北调工程总体规划》和南水北调（东、中线）一期工程项目设计报告等有关成果，南水北调（东、中线）一期受水区涉及北京、天津两个直辖市和河北、河南、山东、江苏、安徽5个省，共41个地级行政区（表4-1）。受水区面积约24.8万 km²。南水北调东、中线工程受水区人均本地水资源量不足240m³，是我国水资源最为短缺的地区，即使加上南水北调东、中线一期调水量，受水区人均水资源量也只有约280m³，仅为全国平均水平的13%。

表4-1 南水北调（东、中线）一期受水区范围

调水线路	省级行政区	受水区面积/万 km²	占省级行政区面积比例/%	地级市行政区或直辖市的区县
中线	北京	0.64	38.1	中心城区及房山区、大兴区、门头沟区、昌平区、通州区、密云区、怀柔区、延庆区、平谷区
	天津	1.12	94.0	中心城区及滨海新区、东丽区、西青区、津南区、北辰区、武清区、宝坻区、宁河区、蓟州区、静海区

续表

调水线路	省级行政区	受水区面积 /万 km²	占省级行政区 面积比例/%	地级市行政区或直辖市的区县
中线	河北	6.21	33.1	邯郸、邢台、石家庄、保定、沧州、衡水、廊坊
	河南	4.20	25.1	郑州、平顶山、安阳、鹤壁、新乡、焦作、濮阳、许昌、漯河、周口、南阳
东线	山东	6.72	42.9	聊城、德州、滨州、菏泽、济宁、济南、潍坊、东营、淄博、烟台、青岛、威海、枣庄
	江苏	4.08	38.2	徐州、连云港、宿迁、淮安、扬州
	安徽	1.85	13	蚌埠、淮北、宿州
合计		24.82	37.4	

4.1.2 受水区供用水分析

2017 年受水区各省（直辖市）总供水量为 1283.2 亿 m³（表 4-2），其中外调水供给量比 2016 年多 9.2 亿 m³，主要是河北、河南、江苏外调水增幅较大，分别增加了 5.7 亿 m³、3.1 亿 m³ 和 1.2 亿 m³。与 2016 年相比，再生水供水量增加了 4.0 亿 m³，河南增幅最大，增加了 2.3 亿 m³。地下水供给量减少了 17.4 亿 m³，其中河北省地下水供给量减少了 9.0 亿 m³。

表 4-2 受水区各省（直辖市）供水总量 （单位：亿 m³）

省级行政区	实际供水量		本地地表水		本地地下水		外调水		再生水	
	2016 年	2017 年	2016 年	2017 年	2016 年	2017 年	2016 年	2017 年	2016 年	2017 年
北京	38.8	39.5	2.9	3.6	17.5	16.6	8.4	8.8	10	10.5
天津	27.2	27.5	10.2	8.9	4.7	4.6	8.9	10.1	3.4	3.9
河北	182.5	181.6	44.2	46.4	125	116	7.3	13	6	6.2
河南	227.6	233.7	79.5	84.5	119.8	115.5	25.5	28.6	2.8	5.1
山东	214.0	209.5	56.7	54.7	82.3	79.7	66.6	66.4	8.4	8.7
江苏	577.4	591.4	502.3	517.6	8.9	8.4	58.7	57.7	7.5	7.7
合计	1267.5	1283.2	695.8	715.7	358.2	340.8	175.4	184.6	38.1	42.1

2017 年北京、天津、河北、河南、山东、江苏六省（直辖市）实际用水量为 1283.2 亿 m³（表 4-3）。与 2016 年相比，六省（直辖市）生活用水量、生态环境用水量分别增加 6.4 亿 m³ 和 15.5 亿 m³，工业用水量基本持平，农业用水量减少了 4.75 亿 m³。六省（直

| 68 |

辖市）的生活用水量和生态环境用水量都呈增加趋势，河南的生活用水量和生态环境用水量增幅最大，分别为 1.4 亿 m^3 和 6.8 亿 m^3。2017 年江苏省农业用水量增加了 9.7 亿 m^3，其他五省（直辖市）农业用水量均有所降低，其中山东减少了 7.4 亿 m^3，河南减少了 2.8 亿 m^3。

表 4-3　受水区各省（直辖市）用水总量　　　　　　（单位：亿 m^3）

省级行政区	实际用水量		工业用水量		生活用水量		农业用水量		生态环境用水量	
	2016 年	2017 年	2016 年	2017 年	2016 年	2017 年	2016 年	2017 年	2016 年	2017 年
北京	38.8	39.5	3.85	3.5	17.8	18.2	6.05	5.1	11.1	12.7
天津	27.2	27.5	5.5	5.5	5.6	6.1	12.0	10.7	4.1	5.2
河北	182.5	181.6	21.9	20.3	25.9	27	128	126.1	6.7	8.2
河南	227.6	233.7	50.3	51	38.7	40.1	125.6	122.8	13	19.8
山东	214.0	209.5	30.6	28.8	34.3	34.7	141.5	134	7.6	12
江苏	577.4	591.4	248.5	250.1	56	58.6	270.9	280.6	2	2.1
合计	1267.5	1283.2	360.65	359.2	178.3	184.7	684.05	679.3	44.5	60

4.2　南水北调受水区节水成效评价

2000 年 9 月 27 日，在南水北调工程规划座谈会上，朱镕基总理提出了"三先三后"的总体指导原则，即"先节水后调水，先治污后通水，先环保后用水"[①]，并要求一定要采取强有力的措施，大力开展节约用水，绝不能出现大调水、大浪费的现象。2002 年，国务院在批复《南水北调工程总体规划》（国函〔2002〕117 号）时明确要求要按照"先节水后调水，先治污后通水，先环保后用水"的原则，进一步落实有关节水、治污和生态环境保护的政策和措施。因此，"三先三后"原则是受水区利用南水北调水的前提要求。2014 年 12 月 12 日南水北调中线一期正式通水时，习近平总书记指出，南水北调工程功在当代，利在千秋。希望继续坚持先节水后调水、先治污后通水、先环保后用水的原则，加强运行管理，深化水质保护，强抓节约用水，保障移民发展，做好后续工程筹划，使之不断造福民族、造福人民。

南水北调东中线受水区大力开展节水工作，是由区域水资源本底条件所决定的，更是国家对该区域引用南水北调水的要求，受到社会的广泛关注。持续开展受水区节水调查，科学评判受水区现状节水水平与未来工作重点，对于促进受水区深度节水和外调水的高效

---

① "三先三后"原则是什么. http://nsbd. mwr. gov. cn/zw/gcgk/gczs/202109/t20210901_1542083. html〔2019-09-21〕.

利用，持续贯彻落实调水工程"三先三后"的原则具有重要意义。

4.2.1 用水效率国内对比

从万元 GDP 用水量、灌溉水有效利用系数、万元工业增加值用水量等指标来看，受水区大部分地市用水效率处于较高的水平。

2017 年，受水区 82% 的地区万元 GDP 用水量均低于全国平均值，其中有 13 个地市万元 GDP 用水量低于全国平均的 1/2。受水区所有地市灌溉水有效利用系数均高于全国平均水平，受水区中濮阳市灌溉水有效利用系数最低，为 0.55，也高于 2017 年全国平均灌溉水有效利用系数（0.548），北京市、天津市灌溉水有效利用系数均高于 0.7，接近国际最先进地区农业节水水平。受水区内 84% 的地区万元工业增加值用水量不到全国平均值的 1/2，其中北京市、天津市、青岛市和烟台市等八个地市万元工业增加值用水量不到 10m³，烟台市最低，为 2.39m³（图 4-1）。

4.2.2 用水效率国际对比

以万美元 GDP 用水量指标来反映综合用水效率，如图 4-2 所示。天津市和北京市万美元 GDP 用水量与德国、以色列和荷兰水平比较接近，处于世界先进水平；山东省万美元 GDP 用水量与加拿大、波兰水平持平。

受水区人均用水量在国际比较中属于较少的地区，2017 年天津市、北京市、山东省、河南省和河北省人均用水量分别为 182m³、176m³、210m³、245m³ 和 242m³，为美国人均用水量的 11%~16%，与新加坡、英国等国家比较接近；江苏省人均用水量为 738m³，高于法国、俄罗斯人均用水量。

以万美元工业增加值用水量指标来反映工业用水效率，2017 年天津市、山东省和北京市万美元工业增加值用水量与新加坡、日本等国水平接近，处于世界最先进水平；河南省万美元工业增加值用水量与西班牙、墨西哥等国水平接近；江苏省万美元工业增加值用水量与法国水平接近，约是乌克兰用水量的 1/4。

4.2.3 节水成效综合评价

为全面、客观反映南水北调东中线受水区节水水平，按照综合指标反映结构节水、行业指标反映效率节水的思路，选取具有代表性、可操作、能比较的评价指标，全面评价区域用水结构和全社会全过程用水效率。

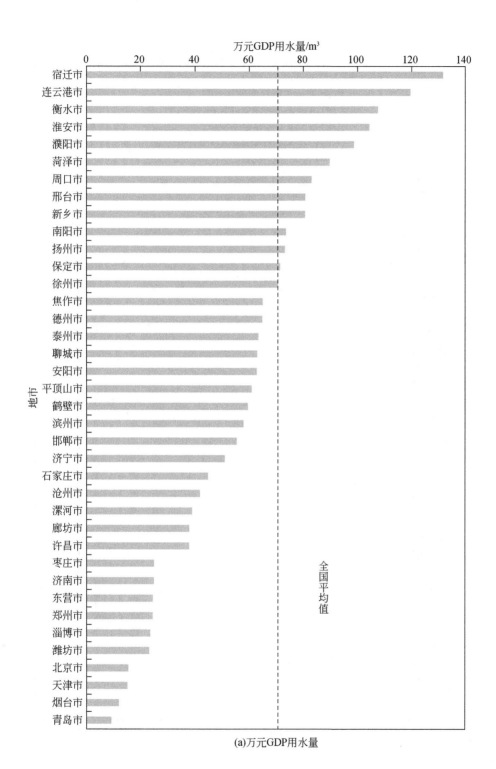

(a)万元GDP用水量

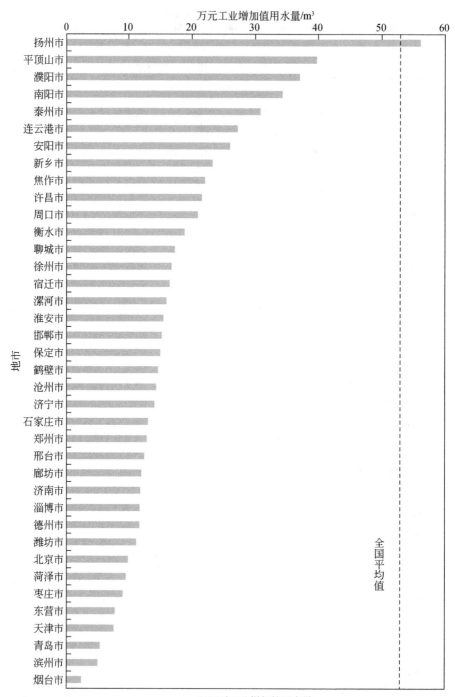

(b)万元工业增加值用水量

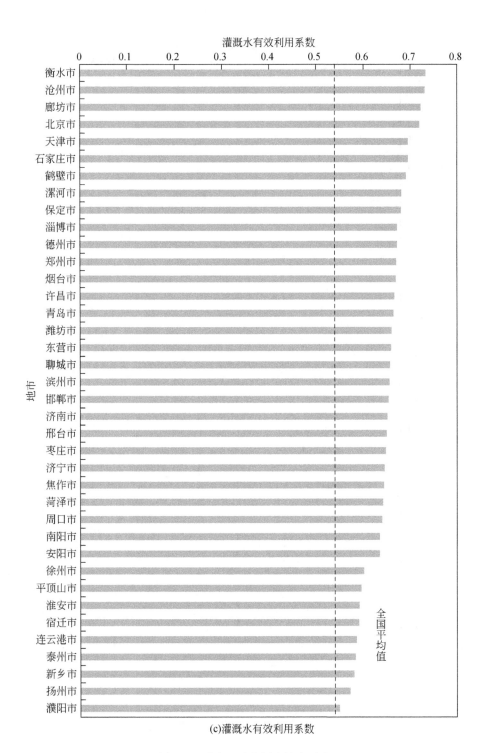

(c)灌溉水有效利用系数

图 4-1　受水区地市用水效率对比

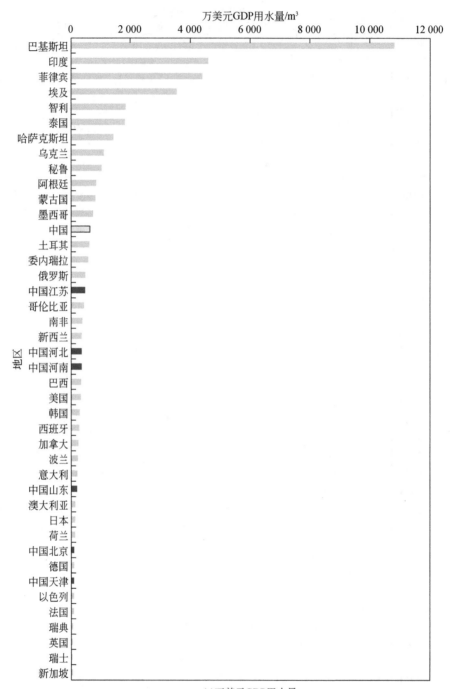

(a)万美元GDP用水量

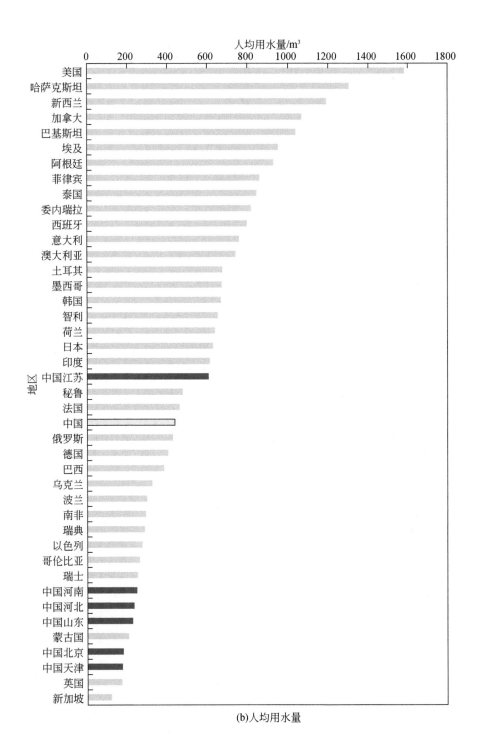

(b)人均用水量

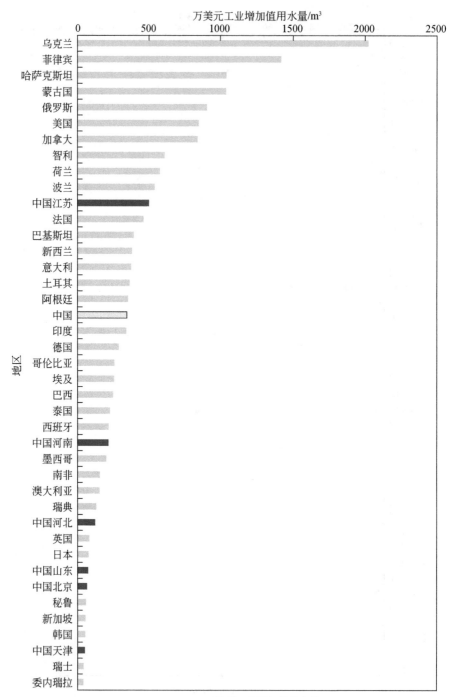

(c)万美元工业增加值用水量

图 4-2　受水区与其他国家用水效率对比

（1）综合性指标

综合反映南水北调受水区节水情况的指标，选用万元 GDP 用水量指标，表征地区每产生 1 万元 GDP 的取水量，既综合了行业用水效率，也反映了区域用水结构。

（2）农业用水指标

反映农业用水效率和节水情况的主要指标，选用灌溉水有效利用系数指标，表征作物生长实际需要水量占灌溉水量的比例。

（3）工业用水指标

反映工业用水效率和节水情况的主要指标，选用万元工业增加值用水量指标，表征地区评价年工业每产生 1 万元工业增加值的用水量。

（4）城镇公共用水指标

选用城镇供水管网单位管长漏损量指标，即城镇管网综合漏损系数指标反映城镇公共供用水效率情况。

由于万元 GDP 用水量、灌溉水有效利用系数、万元工业增加值用水量和城镇管网综合漏损系数指标具有不同的量纲，不能直接比较，须对指标原始数据进行标准化处理。上述指标可以分成越大越优和越小越优两类，越小越优的指标有万元 GDP 用水量、万元工业增加值用水量和城镇管网综合漏损系数，越大越优的指标是灌溉水有效利用系数指标。

指标值大于全国平均值的标准化方法：对越大越优的指标采用式（4-1）变换，对越小越优的指标用式（4-2）变换。

$$Z_i = 60 + (z_i - Z_{min})/(Z_{max} - Z_{min}) \times 40 \qquad (4\text{-}1)$$

$$Z_i = 60 + (Z_{max} - z_i)/(Z_{max} - Z_{min}) \times 40 \qquad (4\text{-}2)$$

式中，Z_i 为评价指标值；Z_{max} 为最大标准值；Z_{min} 为最小标准值。经过式（4-1）或式（4-2）变换后，指标标准值在 60~100 分，100 分为最优，达到全国平均值为 60 分。

指标值小于全国平均值的标准化方法：对越大越优的指标采用式（4-3）变换，对越小越优的指标用式（4-4）变换。

$$Z_i = 60 + (z_i - Z_{min})/(Z_{max} - Z_{min}) \qquad (4\text{-}3)$$

$$Z_i = 60 + (Z_{max} - z_i)/(Z_{max} - Z_{min}) \qquad (4\text{-}4)$$

式中，Z_i 为评价指标值；Z_{max} 为最大标准值；Z_{min} 为最小标准值。经过式（4-3）或式（4-4）变换后，指标标准值低于 60 分。

评价指标标准值是衡量节水效率的标尺，考虑到评价对象南水北调受水区是我国水资源最短缺的地区，也是用水效率较高的地区，指标标准值选取基于以下思路：①最优指标。主要参考世界最先进地区的用水效率，以便与世界先进水平相比较，衡量受水区与世界先进水平的差距。②最劣指标。采用全国平均水平的用水效率，反映受水区用水效率与全国平均水平的相对关系。最优指标和最劣指标选取主要参考《中国水资源公报》《城市供水统计年鉴》等信息，评价确定的最小和最大标准值见表4-4。

表4-4 节水指标标准值确定

序号	评价指标	指标类型	最小值 Z_{min}	最大值 Z_{max}
1	万元 GDP 用水量/m³	越小越优	最先进地区指标值，采用新加坡指标（5.4m³）	采用 2016 年全国平均值（81m³）
2	灌溉水有效利用系数	越大越优	2016 年全国平均值（0.53）	最先进地区指标，采用以色列（0.8）
3	万元工业增加值用水量/m³	越小越优	最先进地区指标值，采用丹麦指标（3.8m³）	采用 2016 年全国平均值（56.07m³）
4	城镇管网综合漏损系数/[m³/(km·d)]	越小越优	采用国际先进地区指标值 [19m³/(km·d)]	全国超过 60% 城市的水平 [42m³/(km·d)]

注：①数据来源于《中国水资源公报》；②国际先进指标参考值，汇率按 1 美元∶6.3 元折算；③万元 GDP 用水量世界先进指标，新加坡 5.4m³，英国 6.8m³，瑞典 10m³，挪威 14.9m³，德国 17.8m³，美国 57.1m³；④万元工业增加值用水量世界先进指标，丹麦 3.8m³，韩国 8.7m³，新加坡 9.5m³，英国 12.1m³，日本 14.0m³。

根据指标的类型，将综合指标和行业指标确定为第一层指标，综合指标权重为 1/4，行业指标权重为 3/4。

行业指标包括农业、工业和公共生活节水指标，指标权重根据评价区评价年农业、工业和公共生活用水量的比例来确定，详见表4-5。综合评价计算公式如下：

$$R = \sum_{m=1}^{4} Z_m q_m \qquad (4-5)$$

式中，R 为评价区各类指标的综合评价结果分值；Z_m 为评价区第 m 个指标的标准值；q_m 为指标权重。

表4-5 评价权重分配

类别	评价指标	第一层指标权重	第二层指标权重
综合指标	万元 GDP 用水量 Z_1	1/4	1
行业指标	灌溉水有效利用系数 Z_2	3/4	农业用水量/（农业、工业、公共生活用水量之和）
	万元工业增加值用水量 Z_3		工业用水量/（农业、工业、公共生活用水量之和）
	城镇管网综合漏损系数 Z_4		公共生活用水量/（农业、工业、公共生活用水量之和）

（5）综合评价计算

依据综合评分，将节水评价结果划分为世界先进水平、国内先进水平、国内一般水平、低于全国平均水平四个档次，分值范围如下：

$R \geqslant 80$ 的地区节水水平达到世界先进水平；

$80 > R \geqslant 70$ 的地区节水水平达到国内先进水平；

$70 > R \geqslant 60$ 的地区节水水平达到国内一般水平；

$R < 60$ 的地区节水水平低于全国平均水平。

2017 年南水北调受水区节水综合评价结果显示（表 4-6），北京、天津、廊坊、沧州、烟台、青岛、郑州等地全过程用水效率综合评价得分较高。

表 4-6 受水区节水工作综合评价结果

省份	地市	综合指标	分行业指标			节水综合评价结果	
		万元 GDP 用水量	万元工业增加值用水量	灌溉水有效利用系数	城镇管网综合漏损系数	2017 年	2016 年
北京	北京市	97	94	97	85	95	86
天津	天津市	97	96	92	86	94	88
河北	廊坊市	87	93	98	84	92	84
	沧州市	85	91	97	82	91	84
	石家庄市	84	92	92	86	88	84
	邯郸市	79	90	83	85	83	76
	保定市	72	91	88	89	83	73
	衡水市	61	88	98	84	82	79
	邢台市	68	92	82	85	80	71
河南	郑州市	93	92	86	78	90	85
	漯河市	87	90	88	89	87	85
	鹤壁市	78	91	91	93	85	82
	许昌市	87	86	85	62	85	80
	焦作市	75	85	80	62	79	75
	安阳市	76	82	78	62	78	75
	周口市	67	86	80	60	77	73
	南阳市	71	76	78	64	75	66
	新乡市	68	84	67	64	72	66
	平顶山市	77	72	70	60	72	72
	濮阳市	60	74	60	99	64	67

省份	地市	综合指标	分行业指标			节水综合评价结果	
		万元 GDP 用水量	万元工业增加值用水量	灌溉水有效利用系数	城镇管网综合漏损系数	2017 年	2016 年
山东	烟台市	99	97	86	93	94	92
	青岛市	96	98	85	92	93	90
	淄博市	94	93	87	72	90	83
	东营市	93	96	84	90	90	82
	潍坊市	94	93	84	90	89	79
	枣庄市	93	95	81	62	89	86
	济南市	93	93	82	89	88	86
	滨州市	78	98	83	86	86	79
	德州市	75	93	87	84	84	74
	济宁市	81	91	81	83	84	84
	聊城市	76	89	83	96	82	77
	菏泽市	64	95	80	92	79	74
江苏	徐州市	73	89	71	78	77	82
	淮安市	66	90	69	75	74	70
	泰州市	76	79	67	74	73	75
	宿迁市	64	89	69	74	73	75
	连云港市	68	82	68	73	72	74
	扬州市	71	60	65	65	65	70

　　尽管受水区节水工作成效明显，但是用水总量在短期内仍以升高趋势为主，受水区的农业用水和工业用水都在持续下降，但生活用水增幅更大。随着人口规模的增加，城镇化的发展，生活质量的改善，生活用水量不断增加，因此生活节水的重要性更加突出，一方面更先进家庭节水器具需要进一步推广，另一方面公众的节水意识也需要进一步加强，相比农业和工业可以集中采取措施节水，生活用水规模分散，既要保障刚性需求，又要精准打击浪费水的行为，在管理上难度更大。

　　受水区中北京、天津等地的万元 GDP 用水量、万元工业增加值用水量等指标已经位于世界先进水平，但值得注意的是，河北、河南、山东的用水效率还达不到先进水平，江苏的用水效率甚至低于全国平均水平。对于用水效率偏低的行业，一方面提高行业的生产工艺，提高生产用水效率；另一方面受水区产业结构与水资源禀赋不匹配导致用水效率难以有突破性提升。受水区未来的节水工作可能更需要在调整产业用水结构上有所突破，才能解决缺水的情势。

4.3 南水北调中线受水区节能效益评价

近几十年，华北平原由于人口迅速增长和社会经济的快速发展，经济社会发展大量挤占生态环境用水并超采地下水。南水北调通水前，该区域地下水仍为主要水源，年平均地下水开采量达 237.7 亿 m^3，其中深层地下水 39.57 亿 m^3。研究表明，仅海河南系平原（6.1 万 km^2）区域浅层地下水灌溉抽水耗能就达 16.3 亿 $kW \cdot h$（张士峰和徐立升，2007）。长期透支地下水不仅导致许多地区出现河道断流、湖泊萎缩、含水层枯竭、地面沉降等一系列问题，还产生大量的能源消耗。

南水北调中线干渠工程从丹江口水库调水，丹江口坝顶高程加高后已由原来的162m增至176.6m，渠首水位147.38m，终点北京团城湖水位49.5m，干渠落差约为100m，全程自流。因此，中线工程在缓解北方缺水现状、减少地下水开采的同时也节约了能源的消耗，对社会的可持续发展具有重要的意义。

4.3.1 中线受水区地下水开采耗能现状

南水北调通水前，中线受水区 2004～2013 年平均地下水开采量达 237.7 亿 m^3，占总用水量的69%。随着城市发展和农业用水需求的增加，区域地下水开采利用量远远超过了含水层的补给量，年平均地下水超采达 112.1 亿 m^3，其中约 35% 为深层地下水超采量。北京市、天津市、河北省和河南省南水北调受水区多年平均地下水开采量分别为 22.8 亿 m^3、6.3 亿 m^3、118.5 亿 m^3 和 90.1 亿 m^3，如图 4-3 所示。北京市和河南省水源主要为浅层地下水，多年平均浅层地下水开采量分别为 20.3 亿 m^3 和 85.8 亿 m^3。河北省地下水开采量最大，多年连续地下水超采造成地下水位连年下降，近 10 年来河北省东南部地下水漏斗不断扩展，浅层地下水漏斗最大深度由 52m 下降到 70m，2013 年河北省深层地下水漏斗水位已下降到 100m。

地下水的开采伴随着大量的能源消耗，利用黄淮海东部平原区地下水监测站地下水位和地下水取用量数据，参考地下水耗能计算公式对 2004～2013 年地下水取水耗能进行分析，结果如图 4-4 所示。尽管受水区地下水开采量从 2008 年起略有减少，但由于地下水位的持续下降，相关的能源消耗仍然在逐年增加，从 2004 年的 53 亿 $kW \cdot h$ 增加到 2013 年的 63 亿 $kW \cdot h$。

从空间分布上看，北京市、天津市、河北省和河南省年平均地下水抽水耗能分别为 5.4 亿 $kW \cdot h$、2 亿 $kW \cdot h$、36.7 亿 $kW \cdot h$ 和 19.4 亿 $kW \cdot h$。河北省是华北平原重要的粮仓，但由于地表水缺乏，属于严重资源型缺水地区，农业主要依赖地下水，年均 89 亿 m^3 的

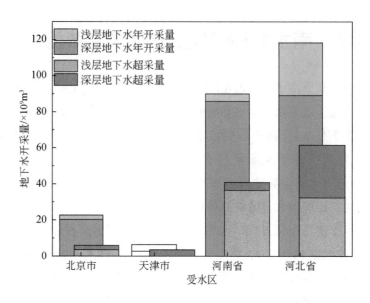

图 4-3　南水北调受水区 2004～2013 年平均地下水开采量

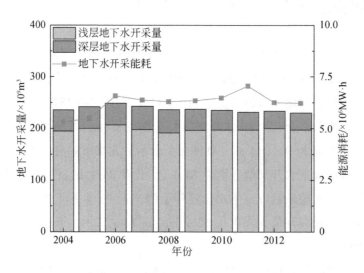

图 4-4　南水北调受水区 2004～2013 年地下水开采耗能

地下水用于农业灌溉，约占河北省地下水开采总量的 75%。受地下水位和地下水开采量的双重影响，河北省东部地区单位面积地下水抽取能耗达 150MW·h/km²，明显高于其他区域。

4.3.2 未来地下水置换和能耗变化预测

2014 年 12 月，南水北调中线正式通水，缓解了华北平原东部地区生产、生活用水困难。直至 2017 年 10 月，南水北调中线工程已向北京、天津、河北、河南等地调水 100 亿 m³。中线工程每年计划为受水区输水 95 亿 m³，扣除沿途蒸发、渗漏等造成的损耗，4 省（直辖市）分水净水量约为 85.2 亿 m³，相当于目前受水区地下水开采量的 36%。由于丹江口水库和受水区终点北京有近 100m 的高程差，调水工程干渠自陶岔渠首到北京团城湖段在重力作用下全线自流，工程可大量置换受水区超采的地下水，将对区域地下水修复、节能降碳带来显著的影响。

2014 年南水北调受水区已分段启动地下水压采方案，初期以城区和重点工业区为重点，2020 年受水区地下水现状超采量压减约 60%，如表 4-7 所示，其中减少浅层地下水开采 16.5 亿 m³，减少深层地下水开采 13.2 亿 m³；远期到 2030 年将实现地下水采补平衡，受水区将分别减少浅层和深层地下水开采 33.9 亿 m³ 和 30.5 亿 m³。

表 4-7 南水北调中线工程地下水压采量预估 （单位：亿 m³）

区域	现状地下水开采量	中线规划净调水量	2020 年地下水压采量		2030 年地下水压采量	
			浅层	深层	浅层	深层
北京	22.8	10.5	4.0	2.4	4.0	2.4
天津	6.3	8.5	0	2.6	0	3.5
河北	118.5	30.4	10.8	7.2	10.0	20.4
河南	90.1	35.8	1.7	1.0	19.9	4.2
合计	237.7	85.2	16.5	13.2	33.9	30.5

2020 年，河北省压采地下水 18 亿 m³，占中线受水区浅层和深层地下水压采量的 65% 和 55%，是受水区地下水压采工作的重点。河北省区域平均浅层地下水位约为 16m，但是在东部漏斗区浅层地下水位超过 70m，而深层地下水位则超过 100m，单位面积地下水抽水耗能超过 150MW·h/km²，河北省地下水压采可减少能源消耗 5.91 亿 kW·h。2020 年北京市、天津市和河南省年均压采地下水量达 6.4 亿 m³、2.6 亿 m³ 和 2.7 亿 m³，南水北调中线受水区年减少地下水抽水耗能 9.31 亿 kW·h。

"十四五"期间，南水北调受水区将逐步解决非城区农业地下水超采问题，预计 2030 年将初步实现地下水补给平衡。南水北调工程将置换受水区绝大部分的浅层和深层地下水超采水量，相当于现状地下水开采量的 27%，减少能源消耗 23.2 亿 kW·h，相当于北京市 7% 的火力发电输出。煤炭是我国最主要的一次能源，2020 年和 2030 年地下水压采减少的能耗相当于分别减少24.4万t和60.7万t的二氧化碳排放，其减排幅度远远超过当今全球最大的碳减排工程，在减少能源消耗的同时也将对区域空气污染控制做出很大的贡献（图4-5）。

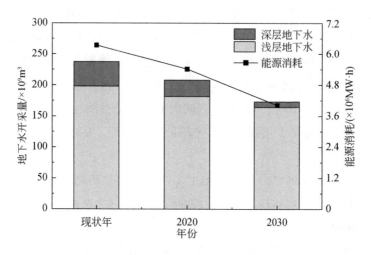

图4-5　南水北调受水区未来地下水开采和能源消耗预测

跨流域调水与海水淡化、再生水利用均是当今解决水资源短缺的主要方法。再生水工程平均每吨水耗能0.4~1kW·h，海水淡化工程平均每吨水耗能3~4kW·h，而南水北调中线工程平均每吨水可节省0.3kW·h能耗。与这两种水源相比，南水北调中线工程将极大地缓解受水区地下水超采现状，同时将对区域节能、减排做出极大的贡献。

| 第 5 章 | 全国水循环能耗分析[①]

5.1 取水过程能耗强度

5.1.1 地表水取水过程的能耗

（1）蓄水工程

根据蓄水工程能耗计算公式，输水管和配水管网的局部水头损失，可按其沿程水头损失的5%计算，蓄水工程输送到水厂的能耗值约为 $0.18kW \cdot h/m^3$，输送到农田的能耗值约为 $0.018kW \cdot h/m^3$。2017年全国地表水供水量为4945.5亿 m^3，通过蓄水工程取用地表水资源1735.9亿 m^3。根据计算，全国通过蓄水工程供水共消耗106亿 $kW \cdot h$ 电能，其中，广东、湖北、浙江、江西等南方地区蓄水耗能量较大（图5-1）。

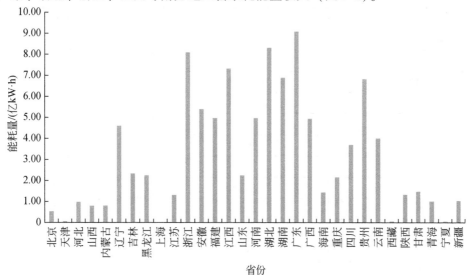

图 5-1　全国各省份蓄水工程能耗情况

[①]　本章研究暂不含港澳台地区。

（2）提水工程

本章利用各省份平均地面高程，计算不同省份的提水过程单位能耗（表5-1），全国提水工程能耗的平均值为 $0.53kW \cdot h/m^3$。贵州、宁夏、云南、甘肃、青海等地区的高程较高，所以提水工程的单位水的能耗最大。

表5-1 各省份提取单位水的能耗

地区	平均高程 h/m	能耗 $W/(kW \cdot h/m^3)$
北京	41.75	0.15
天津	2.54	0.01
河北	19.10	0.07
山西	106.74	0.39
内蒙古	260.98	0.95
辽宁	26.26	0.09
吉林	54.31	0.20
黑龙江	40.52	0.15
上海	3.32	0.01
江苏	9.35	0.04
浙江	5.72	0.03
安徽	20.91	0.08
福建	40.75	0.15
江西	27.35	0.09
山东	22.03	0.08
河南	49.65	0.19
湖北	18.37	0.07
湖南	40.09	0.15
广东	4.94	0.01
广西	39.10	0.15
海南	30.35	0.11
重庆	102.58	0.37
四川	58.99	0.21
贵州	474.08	1.72
云南	650.17	2.36
西藏	453.88	1.65
陕西	116.04	0.43
甘肃	514.11	1.87
青海	438.07	1.59

续表

地区	平均高程 h/m	能耗 $W/(kW \cdot h/m^3)$
宁夏	607.67	2.20
新疆	252.71	0.92

2017 年，全国通过提水取用地表水 1582 亿 m^3，共消耗电能 261 亿 $kW \cdot h$。其中甘肃、宁夏等西北地区提水量使用较大（图 5-2），且地势相对较高，其能量消耗也较大。

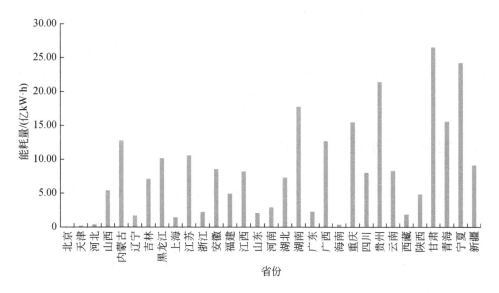

图 5-2 全国各省份提水工程能耗情况

（3）跨流域调水

跨流域调水工程单位距离单位输水能耗平均值是 $0.0045kW \cdot h/(m^3 \cdot km)$。根据《2017 年中国水资源公报》，表 5-2 中 11 个受水省份引入外调水 196.92 亿 m^3，其中南水北调中线工程多为自流，不需要能量消耗，从河北引水到北京，需要泵站提水，所以该跨流域调水工程只计算河北到北京的能量消耗。

表 5-2 2017 年跨流域调水工程利用情况 （单位：km）

工程名称	输水区	受水区	线路长度	供水目标
南水北调	河北	北京、天津	342	生活、工业
引黄济青	黄河	山东	252	生活、工业
—	黄河	河南	200	生活、灌溉
引黄入晋	黄河	山西	450	生活、工业

工程名称	输水区	受水区	线路长度	供水目标
西江引水	西江	广东	71.5	生活
引江济太	长江	江苏	60	生态、生活
引江济淮	长江	安徽	1280	生活、工业
浙东引水	长江	浙江	294	生活、工业
平潭引水	闽江	福建	160	生活、工业
黔中调水	长江	贵州	395.62	生活、工业、灌溉

随着跨流域调水工程的兴起，根据表 5-2，计算北京市、山西省、山东省和广东省等地区外调水需要消耗的能量。2017 年跨流域调水工程共消耗能量 185.7 亿 kW·h，其中山东省通过引用黄河水消耗能量最大，约占山东省本地火力发电量的 1.6%。

5.1.2 地下水取水过程的能耗

根据《中国地质环境监测地下水位年鉴》的 1120 个地下水观测点埋深，求出各地区的地下水平均埋深（表 5-3），计算用于生活、工业的地下水，单位提水能耗平均值为 0.19kW·h/m³，其中山西、新疆、天津、河北等北方地区由于地下水位较低，取单位水的能耗较大。用于农田灌溉的地下水，单位提水能耗平均值为 0.4kW·h/m³。

表 5-3 2017 年各省份提取单位地下水的能耗

地区	地下水平均埋深 h/m	生活、工业能耗 /(kW·h/m³)	水泵扬程 H /m	农田灌溉能耗 /(kW·h/m³)
北京	21.26	0.24	41.01	0.45
天津	33.84	0.39	52.41	0.57
河北	30.57	0.35	49.45	0.54
山西	50.93	0.58	67.89	0.74
内蒙古	26.97	0.31	46.18	0.50
辽宁	4.86	0.06	26.15	0.28
吉林	8.36	0.10	29.32	0.32
黑龙江	8.35	0.10	29.32	0.32
上海	8.42	0.10	29.38	0.32
江苏	10.79	0.12	31.52	0.34
浙江	10.28	0.12	31.07	0.34

续表

地区	地下水平均埋深 h/m	生活、工业能耗 /(kW·h/m³)	水泵扬程 H /m	农田灌溉能耗 /(kW·h/m³)
安徽	9.20	0.11	30.09	0.33
福建	14.74	0.17	35.10	0.38
江西	11.67	0.13	32.33	0.35
山东	10.67	0.12	31.42	0.34
河南	8.25	0.09	29.22	0.32
湖北	8.06	0.09	29.05	0.32
湖南	7.25	0.08	28.32	0.31
广东	6.53	0.07	27.66	0.30
广西	7.46	0.09	28.51	0.31
海南	17.13	0.20	37.27	0.41
重庆	23.97	0.27	43.47	0.47
四川	6.29	0.07	27.45	0.30
贵州	9.62	0.11	30.46	0.33
云南	15.71	0.18	35.98	0.39
西藏	5.63	0.06	26.85	0.29
陕西	22.56	0.26	42.19	0.46
甘肃	22.99	0.26	42.58	0.46
青海	25.54	0.29	44.89	0.49
宁夏	17.08	0.20	37.23	0.41
新疆	39.87	0.46	57.87	0.63

2017 年全国取用地下水量为 1016.7 亿 m³，根据计算公式，取用地下水共消耗电能 382.8 亿 kW·h（图 5-3），其中用于工业、生活的地下水能耗为 30.6 亿 kW·h，用于农业灌溉的地下水能耗为 352.2 亿 kW·h。北方地区地下水开采量较大，其能量消耗量也较大，尤其河北、新疆、黑龙江地区开采地下水消耗的能量占全国地下水开采能量消耗的 46%。

5.1.3 海水淡化过程的能耗

2017 年天津、河北、浙江、辽宁、江苏、浙江、福建、广东、海南 9 个省份利用淡化

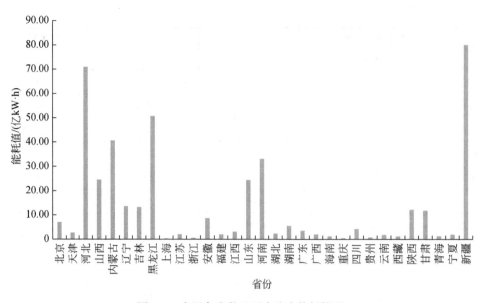

图 5-3　全国各省份地下水取水能耗情况

海水 2.17 亿 m³，主要用于工业生产。在天津，三座海水淡化厂分别为北疆电厂、天津大港新泉海水淡化有限公司、天津大港发电厂，其中北疆电厂的海水淡化量主要是自用，供给电厂发电过程中的用水，剩余水量供给龙达水厂、泰达水厂。天津大港新泉海水淡化有限公司年生产量较大，主要供给为中石化用水。天津大港发电厂海水淡化量较小，全部自用。河北曹妃甸新建的海水淡化厂可日产百万吨淡水，计划每年向北京市供水超 3 亿 m³，可在一定程度上缓解北京的水资源紧张局面。目前，该项目的子项目——日产 5 万 m³ 海水淡化项目已正式投产。河北沧州建设海水淡化厂，是为了解决渤海新区的淡水需求，目前主要有国能集团河北公司沧东电厂建成国产最大的海水淡化装置，海水淡化能力达到日产 5.75 万 t，已成功向 42 家工业企业供应淡水。

根据林斯清等（2001）及美国国家科学研究委员会（Committee on Advancing Desalination Technology and National Research Council，2008）研究，用反渗透法进行海水淡化的单位能耗是 6.8kW·h/m³。2017 年全国已建成海水淡化工程 136 个，工程规模 1 189 105t/d，新增海水淡化工程规模 1040t/d；年利用海水作为冷却水 1344.85 亿 t，新增海水冷却用海水量 143.49 亿 t/a。海水淡化利用量为 4.3 亿 m³，海水淡化过程能量消耗量为 29.24 亿 kW。根据国家发展和改革委员会联合自然资源部印发的《海水淡化利用发展行动计划（2021—2025 年）》，明确了"十四五"时期海水淡化利用目标，到 2025 年，全国海水淡化总规模达到 290 万 t/d 以上，新增海水淡化规模 125 万 t/d 以上，其中沿海城市新增海水淡化规模 105 万 t/d 以上，海岛地区新增海水淡化规模 20 万 t/d 以上，未来海水淡化能耗消费量将进一步增加。

5.2 供水过程能耗强度

根据《2017 年中国城市供水统计年鉴》，全国自来水厂供水能力 1.74 亿 m^3/d，供水量 421.85 亿 m^3，全国制水过程单位能耗平均值为 0.280kW·h/m^3。统计各省份制水过程的能量消耗，其中上海、浙江、青海等地水质较好，单位制水过程中的能量消耗最小（表 5-4）。根据计算公式，各省份制水过程中消耗电能 120.59 亿 kW·h（图 5-4），其中广东约有 21 亿 kW·h 电能用于常规水处理。

表 5-4 2017 年各省份制水过程的能量消耗

地区	供水量/亿 m^3	制水单位能耗量/ (kW·h/m^3)	送(配)水单位能耗量/[kW·h/(m^3·MPa)]
北京	12.93	0.317	0.57
天津	8.02	0.231	0.101
河北	8.66	0.511	0.411
山西	6.08	0.615	0.619
内蒙古	4.84	0.419	0.432
辽宁	20.94	0.43	0.44
吉林	8.11	0.452	0.3
黑龙江	10.35	0.354	0.302
上海	21.69	0.188	0.39
江苏	27.05	0.223	0.419
浙江	41.01	0.183	0.361
安徽	15.83	0.29	0.412
福建	12.68	0.192	0.344
江西	10.88	0.261	0.328
山东	11.61	0.333	0.369
河南	14.8	0.283	0.364
湖北	25.34	0.275	0.32
湖南	9.6	0.219	0.378
广东	81.75	0.25	0.34
广西	13.65	0.283	0.303
海南	5.6	0.202	0.253

地区	供水量/亿 m³	制水单位能耗量/（kW·h/m³）	送（配）水单位能耗量/[kW·h/（m³·MPa）]
重庆	3.02	0.865	0.159
四川	20.26	0.249	0.332
贵州	5.65	0.549	0.614
云南	8.58	0.326	0.349
西藏	1.32	0.335	0.201
陕西	8.39	0.334	0.174
甘肃	—	—	—
青海	1.07	0.16	0.355
宁夏	2.14	0.517	0.269
新疆	—	—	—

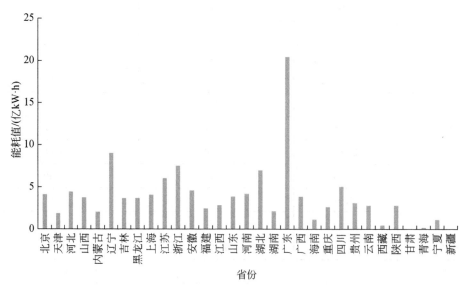

图 5-4　全国各省份制水能耗情况

5.3　输水过程能耗强度

根据《2017 年中国城市供水统计年鉴》，不同地区输配水单位能耗不同（图 5-5），全国输配水过程单位能耗平均值为 0.337kW·h/（m³·MPa）。按照国家《室外给水设计标准》（GB 50013—2018）《室外排水设计标准》（GB 50014—2021） 中规定，大中型城市供水压力要保证六层楼以下（含六层）正常用水，也就是保证管网压力是0.28MPa；超过七层需要二次加压。在2017年城市供水系统中，输配水过程消耗能量53.4亿kW·h，从全国各省份输配水消耗情况来看（图5-5），南方城市输配水过程的能量消耗较大，尤其是广东、浙江、江苏等省份。2017年全国供水生产总消耗电量173.98亿kW·h。

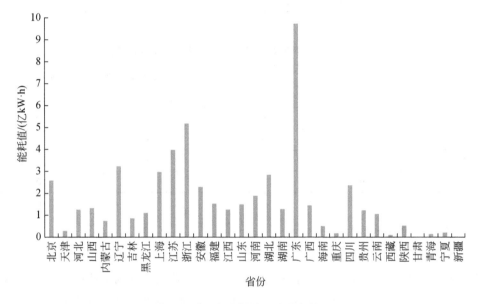

图5-5　全国各省份输配水能耗情况

5.4　水资源终端消费过程中的能耗分析

5.4.1　生活用水能耗分析

（1）家庭生活用水能耗分析

为方便计算，将天然气、液化石油气按照热量换算到千瓦时。调查问卷的统计情况显示（表5-5和表5-6），在家庭生活用水中洗衣用水量较大，占33%，其次为洗浴用水，占22.5%，随后为烹饪、饮用用水，占20%。其余用水多为清洁、冲厕等，因其耗能较少，可忽略不计。天津、北京家庭用水能耗约占家庭总能耗的36%，其中洗浴用水最高（约占50%），其次为烹饪用水，饮用和洗衣用水过程中的能量消耗最少。

表5-5 北京和天津被调查者中洗衣机利用情况

洗衣机类型	样本量		样本比例/%		人均日用水量/(L/d)		耗水量	耗能量
	北京	天津	北京	天津	北京	天津	/L	/(kW·h)
滚筒式	314	153	53.21	30.36	120.8	84.5	120	2.1
波轮式半自动	249	160	42.26	31.75	129.4	75.62	180	0.16
波轮式全自动	23	175	3.96	34.72	125.1	89.65	144	0.13

表5-6 北京和天津被调查者中家庭生活的用水和用能情况

用水类型	人均日用水量/[L/(人·d)]		人均日用水耗能量/[kW·h/(人·d)]	
	北京	天津	北京	天津
洗衣	31.7	26.27	0.84	0.43
洗浴	29.8	18.16	0.67	0.78
饮用	8.41	5.77	0.79	0.54
烹饪	12.9	13.39	0.38	0.56

（2）公共生活用水能耗分析

随着城镇化迅速发展，以及人民生活水平的提高，第三产业平稳发展。近年来，农业用水量保持下降趋势，工业用水量小幅上升后下降，产业结构的调整使得第三产业迅速发展，公共生活用水量保持平稳上升的趋势。2017年全国公共生活用水量共计245.6亿 m^3，机关、学校、宾馆用水量占公共生活用水总量的比例依次为20%、16%、13%。其中，机关用水一般包括办公用水、食堂用水、员工宿舍用水，少数还包括景观、供暖补水、空调供冷用水等。景观、供暖补水、空调供冷用水等所占比例较小，且在机关单位中不普遍，可统一归为其他用水。因此，机关用水按用水主要分为办公用水、食堂用水、绿化用水等七类用水。学校用水的主体是办公、图书馆、实验、景观用水等，生活用水的主体是宿舍、食堂、浴室以及其他杂用水等，其中办公、宿舍、食堂、浴室的用水量最大，可达到学校用水总量的80%左右。而宾馆用水，根据宾馆的等级，以及其服务内容、旅客生活水平的不同，其用水行为也存在一定差异，主要包括洗浴、餐饮、洗衣、供暖供冷等。一般来说，星级越高的宾馆，提供更多的配套服务，如健身、休闲、聚会等，导致客房的洗浴用水比例越低，而其他附属服务的用水量增加。三星级及以下的宾馆，因其所能提供的配套设施有限，其客房用水比例较大，一般能占到宾馆总用水量的60%以上。

2017年生活用水能耗约为3916.1亿 kW·h，约占全国生活消费电力的45%，大约为全国电力供应量的6.0%；城镇居民生活用水包括居民家庭生活用水和公共用水（含第三产业及建筑业等用水），其能耗为3423.6亿 kW·h，农村居民生活用水能耗为492.5亿 kW·h，其中四川、广东、山东、江苏、重庆的生活消费端用水能耗值较大（图5-6）。

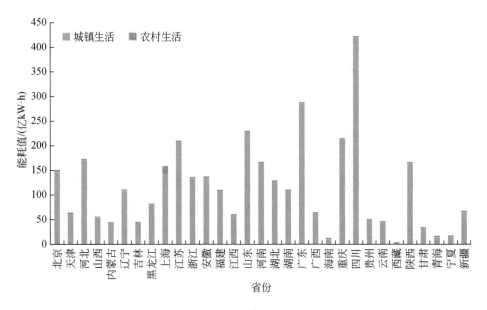

图5-6　全国各省份生活消费终端能耗情况

5.4.2　工业用水能耗分析

高耗水工业主要包括电力行业、化工行业、钢铁行业、非金属制品行业、石油石化行业、食品与发酵行业、造纸行业和纺织行业八大行业，其取水量占工业总取水量的74%左右，耗水量占工业总耗水量的70%左右。

火电厂用水主要分为生产用水和生活用水，生活用水较少，可忽略。生产用水中，热力系统主要用于能量转换，将水加热成蒸汽，从而推动汽轮机做功，此处能耗较大；冷却系统分为直接冷却、循环冷却、空气冷却三种，主要是利用冷水使得系统降温冷却；供热系统主要存在于有供热任务的电厂，将一部分热能进行供暖；除灰除渣系统主要以水作为清洁冲洗介质，耗能较小。本节主要讨论的是水资源利用过程中的能源消耗，因工业用水环节复杂，此处进行简化，只考虑以水为主要利用对象的环节，其他适当忽略。以火力发电为例，与水有关的能耗主要集中在锅炉加热（即水汽循环）、循环系统、供水系统，其他如供热系统、除灰除渣系统等因耗能较小或者水并非主要参与对象（康亮和王俊有，2008），忽略不计，各生产环节用水比例见表5-7。

表5-7 火电厂各用水环节比例　　　　　　　　　　　　　　（单位:%）

过程	循环冷却系统	除灰除渣	锅炉补给	生活用水	其他
用水比例	65	23	5	3	4

　　钢铁厂的工艺复杂，每一步生产流程都需要水的参与，如冷却萃取成品、除烟除尘、输送生产物料等。一个完整的钢铁厂，需要多个生产车间与流程的配合，包括烧结、炼焦、炼钢、炼铁、轧钢等，其中用水量最大的系统分别是烧结厂（含配料室、造球、焙烧、脱硫等）、炼铁厂、炼钢厂、轧钢厂、制氧厂，这些过程对水资源供给的要求较高，在其生产过程中不能中断水源的供给。总结钢铁厂不同的子系统用水量，从大到小可归结为循环水补水、工艺用水、生活用水等，其中循环水补水的用量最大，占74.2%左右。根据文献《某钢铁厂水平衡测试及节水措施研究》中对江苏某新建钢铁厂的调研（吴晓东，2014），确定各环节用水量，见表5-8。

表5-8 钢铁厂各用水环节比例　　　　　　　　　　　　　　（单位:%）

过程	循环水补水	工艺用水	生活用水	其他
比例	74.2	8.7	2.0	15.1

　　石油化工是我国的基础产业，广泛地为能源、机械、交通、制造业等提供原料与保障，具有重要的支柱作用。石油化工企业在生产过程中，需消耗一定量的水资源，包括除盐除氧水、循环水补水、机泵冷却水以及其他工艺用水等，其中除盐除氧水主要是为了防止锅炉侵蚀，确保锅炉的正常工作，循环水补水同其他工业行业一样，用水量最大，占整个石化工业流程用水量的34.9%左右，机泵冷却水是指机泵在工作时一直处于摩擦状态，需要及时导走机泵零件间所产生的热量，以确保安全生产，因此需定期对机泵进行冷却处理，其他工艺用水主要包括洗涤、除尘用水以及与生产工艺直接相关的水，根据《石化企业用水水平评价研究》（王炳轩，2016），石化企业各用水环节比例见表5-9。

表5-9 石化企业各用水环节比例　　　　　　　　　　　　　　（单位:%）

过程	除盐除氧水	循环水补水	机泵冷却水	其他工艺	办公用水	管网漏失水
比例	40.1	34.9	5.8	8.7	8.5	2.0

　　通过计算，全国工业用水过程需要消耗能量8563.8亿 kW·h，其中冷却水循环系统消耗3527.5亿 kW·h 电能，约占工业用电量的8%，东南部省份工业用水能耗较大（图5-7），其中湖北、安徽、江苏等省份工业用水能耗占全国的40.8%。

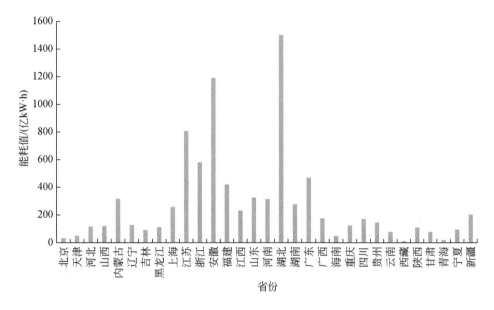

图 5-7　全国各省份工业消费终端能耗情况

5.5　污水处理及再生水回用过程能耗强度

根据《2017 年中国城乡建设统计年鉴》，全国共有城镇污水处理厂 3781 座，比 2000 年增加 6.9 倍，全年污水处理量约为 573 亿 m³，比 2000 年增加 57%（图 5-8）。其中城市排放污水 492.9 亿 m³，污水处理总量为 465.5 亿 m³，城市污水处理率达到 94.4%，污水处理厂集中处理率达到 91.98%。全国城市再生水生产能力 3587.9 万 m³/d，年利用量 71.3 亿 m³。

不同污水处理厂的处理技术不同，其能耗水平也有很大差异，通过对全国 3781 座污水处理厂的数据分析（图 5-9），发现全国污水处理厂能耗均值为 0.25kW·h/m³，分布向右偏斜，说明由于处理工艺和出水标准的较高要求，部分污水处理厂的能耗超出平均范围。统计不同省份污水处理过程的能耗情况（图 5-10），发现北京污水处理能耗平均值为 0.538kW·h/m³，其次为内蒙古 0.48kW·h/m³，江西为最小 0.21kW·h/m³。根据各省份污水处理情况，2017 年污水处理消耗能源 171.52 亿 kW·h，其中沿海省份污水处理过程的能耗较大，如广东、浙江、山东、江苏等。

随着对水资源的需求不断增加，再生水成为缓解水资源紧缺矛盾的重要途径。2020 年全国城市再生水利用量达 146 亿 m³，是 2015 年的 3 倍，占城市供水总量的 23.2%。《关于推进污水资源化利用的指导意见》中指出，要加快推动城镇生活污水资源化利用，积极

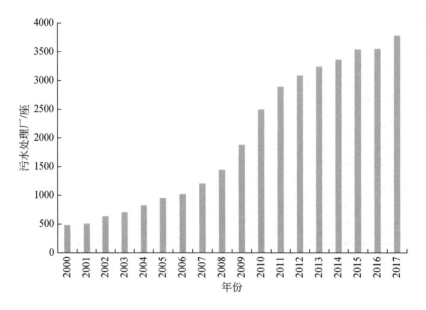

图5-8　2000~2017年全国污水处理厂建设情况

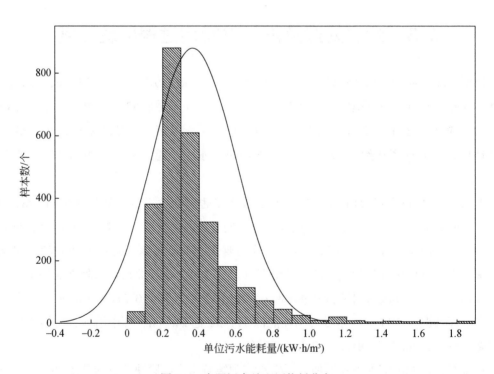

图5-9　全国污水处理厂能耗分布

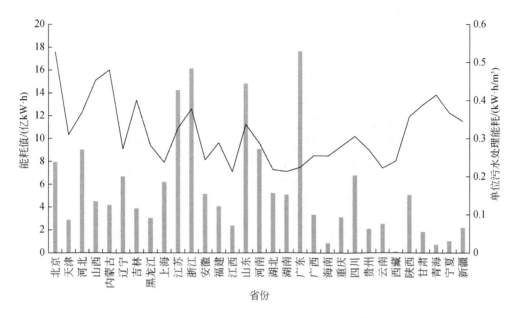

图 5-10　全国污水处理厂污水处理过程能耗情况

推动工业废水资源化利用，稳妥推进农业农村污水资源化利用，并指出了总体目标：到 2025 年，全国污水收集效能显著提升，县城及城市污水处理能力基本满足当地经济社会发展需要，水环境敏感地区污水处理基本实现提标升级；全国地级及以上缺水城市再生水利用率达到 25% 以上，京津冀地区达到 35% 以上。

再生水利用率与城市缺水程度、经济社会发展水平相关，京津冀等缺水地区及部分珠三角城市相对靠前。2017 年全国再生水利用量为 71.3 亿 m³，北京、天津、石家庄再生水利用量分别为 10.51 亿 m³、2.6 亿 m³、0.8 亿 m³，利用率分别达 60%、28%、21%。广州、深圳再生水利用率分别为 20%、63%，明显高于全国城市平均水平，拉萨、重庆、南宁等丰水城市利用量极少。西部城市，如兰州、西安利用率较低，分别为 2.7%、3%。再生水过程电能消耗 58.47 亿 kW·h，随着再生水量的提升，消耗的能量也将增加。

5.6　全国全社会水循环水资源关系特征

5.6.1　全过程能耗分析

在全国社会水循环中，整个过程的能量消耗总量为 13 848.59 亿 kW·h，约占全国总用电量的 21%。根据图 5-11，用水系统能量消耗最多，相当于整个社会水循环用水能耗过程的 90%；取水过程占总过程能量消耗的 7%，社会水循环过程中的能耗集中于用水环节。

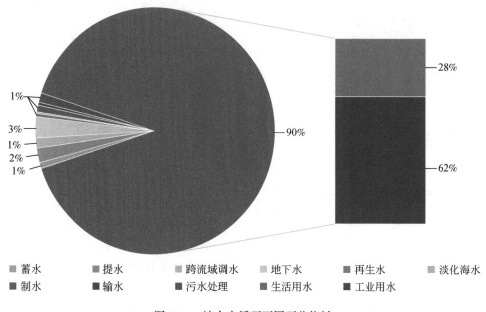

图 5-11　社会水循环不同环节能耗

从不同终端用水户看，整个居民生活水循环过程的能量消耗约为 4303 亿 kW·h，其中家庭生活用水系统的能量消耗占 91%，与地理环境密切相关，还与居民的生活方式、消费水平有关，如人均日生活用水水平，南方城市普遍比北方城市高；城市规模越大，人均生活用水量也越高，且随着城市建设发展和人民生活水平的日益提高，居民生活用水量也逐渐增长。利用节水型生活用水器具，增强节水意识、改变用水行为（如减少洗浴次数或机洗次数），减少 10% 的用水量，可节约 390.5 亿 kW·h 电能。

工业水源较多，除了地表水、地下水、自来水等常规水的利用，再生水和淡化海水主要供给工业，2017 年工业用水消耗量约为 9033.59 亿 kW·h，占社会水循环全过程能耗的 65%，虽然利用循环水系统能够使水资源经过适当处理后可以重复利用，但这期间消耗了大量的能源。本研究没有考虑工业企业的自行污水处理过程的能耗，且工业废水的成分较为复杂，处理过程中的电能消耗会大于排水系统中的污水处理电耗，所以工业水循环过程的能量消耗值应该大于本研究的计算值。为了减少万元工业用水量，工业企业要求实施废水"零"排放，水循环利用、中水回用等，这些措施都将增加电能消耗。

农业是我国最大用水部门，能源消耗主要是在取水环节。根据《中国水利统计年鉴》，通过蓄水工程提取地表水中 69% 用于农业灌溉；通过泵站提水工程取用地表水中 67% 用于农业灌溉；利用机电井开采地下水中 79% 用于农业灌溉，农业取用水消耗电能

512kW·h，如果农田灌溉水有效利用系数提高0.1，可节省81.59亿kW·h的电能。

5.6.2 从不同水源分析开发水资源的能量变化情况

根据不同水源开发过程的能源消耗情况，海水淡化过程单位电耗最高，其次是再生水处理。根据图5-12，2005年不同水源开发过程中的能源消耗为802.33亿kW·h，2017年增加到1023.18亿kW·h，增加了27.5%，这主要是因为跨流域调水、再生水和淡化海水利用量增加。在现阶段用水结构中，开采地下水的能量消耗最大，占总能耗的40%以上。近几年，国家严禁开采地下水，开采地下水的能量消耗从2005年的388.71亿kW·h下降到2017年382亿kW·h；跨流域调水的能耗占总能耗的比例逐渐升高，到2017年约占18%。随着再生水利用量的增加，其能耗增加了3.6倍。

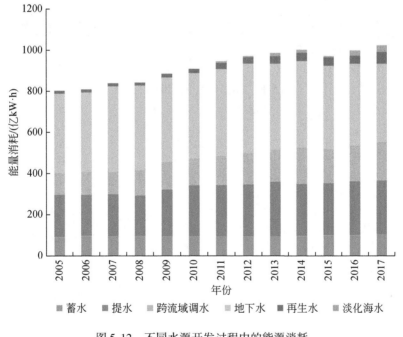

图5-12 不同水源开发过程中的能源消耗

5.6.3 能源效率比较

分析比较不同省份整个社会水循环系统中单位水资源开发利用过程能源消耗情况（图5-13），湖北、北京、天津单位水资源开发利用的能耗值最大，其中湖北单位水资源开发利用消耗电能5.7kW/m³；其次是上海、山西、山西等地区。内陆地区单位水资源开发利用过程的能耗大于沿海地区，北方地区大于南方地区，且中部地区是全国水资源开发利用能耗较为密集地区，具有较大节约潜力。

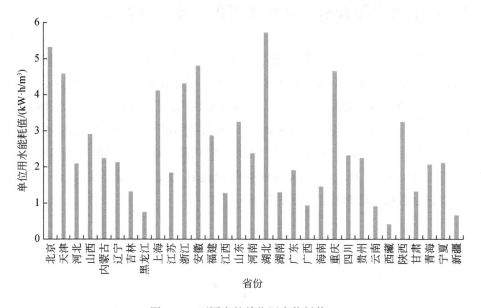

图 5-13 不同省份单位用水能耗值

第6章 能源开发利用耗水评价方法

能源是指通过加工或转换而取得的可产生各种能量或可做功的物质的统称，从人类利用薪柴取火，到煤炭、石油、天然气等化石能源的大范围使用，再到电能、水能、太阳能的兴起，都代表着生产力的发展。从能源形态上看，在自然界中没有进行人为加工或转换的能源，称为一次能源，主要包括水能、风能及生物质能等再生能源，以及煤炭、石油、天然气、页岩油等化石能源。在一次能源的基础上，进行二次加工和转化变成其他种类和形式的能量资源，称为二次能源，如电力、煤气、汽油、柴油、焦炭、洁净煤、激光和沼气等。能源产业是指采掘、采集和开发自然界能源资源，或将自然资源加工转换为燃料、动力的产业。主要包括煤炭采选业，石油和天然气开采业，电力、蒸汽、热水生产和供应业，石油加工及炼焦业，煤气生产和供应业以及新能源产业（图6-1）。本章将能源产业归为煤炭能源产业、石油天然气产业、电力与热力产业、可再生能源产业四类进行研究。项目组研究对象为当前或未来四类产业中的主要用水行业。在煤炭能源产业中重点分析煤炭采选业、炼焦业、煤制油（气）行业；石油天然气产业的分析范围是天然原油和天然气开采行业、原油加工及石油制品制造行业；电力与热力产业主要分析的是电力生产、热力生产及供应，不考虑电力供应业；至于可再生能源产业，水能、风能、太阳能的开发利用会在电力与热力产业的分析中论及，而地热能、潮汐能受区位和技术限制在近期内难以大规模发展，故该部分重点研究生物质能源产业。

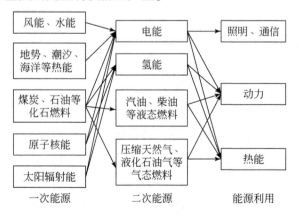

图6-1 能源利用种类

6.1 能源生产用水量

6.1.1 能源生产用水量计算方法

本章选取煤炭、石油、天然气、电力和热力、生物质能源为研究对象，其中煤炭、石油和天然气是一次能源，电力和热力是二次能源。其能源产品用水量是指在能源开采过程中直接消耗的淡水，并没有考虑取水和循环用水。

$$\mathrm{WE}_{t,i,s} = \mathrm{Scale}_{t,i,j} \times \mathrm{quota}_{t,i,j} \tag{6-1}$$

式中，$\mathrm{WE}_{t,i,s}$ 表示在 t 年 i 省份 j 类能源生产用水情况，能源种类包括煤炭和煤化工生产、石油开采和天然气生产、电力生产（包括火电、核电、水电、风电、太阳能、生物质能发电）、热力生产；$\mathrm{Scale}_{t,i,j}$ 表示在 t 年 i 省份 j 类能源生产规模；$\mathrm{quota}_{t,i,j}$ 表示在 t 年 i 省份 j 类能源的用水定额。

6.1.2 伴随能源流通的虚拟水评估方法

水资源以实体水和虚拟水的形式进入生产和生活环节，其中在生产和生活过程中直接取用的淡水、淡化海水、再生水、苦咸水以及雨水等，是对实体水的利用；消费者在使用或消费产品过程中，是对隐含在产品和服务中的虚拟水的利用。虚拟水战略是指贫水国家或地区通过贸易的方式从富水国家或地区购买水资源密集型产品（生产过程消耗水量大的产品）。国家和地区之间能源产品的流动，实际上是以虚拟水的形式进口或者出口水，其计算公式为

$$\mathrm{VW}_i = \mathrm{VW}(\mathrm{coa})_i + \mathrm{VW}(\mathrm{pet})_i + \mathrm{VW}(\mathrm{gas})_i + \mathrm{VW}(\mathrm{pow})_i \tag{6-2}$$

伴随能源流通的虚拟水流通量计算公式为

$$\mathrm{VW}_{i,t} = Q_{i,t} \times C_{i,t} \tag{6-3}$$

式中，$\mathrm{VW}_{i,t}$ 为伴随能源 i 流通的虚拟水流通量（m^3）（i = 煤炭、石油、天然气、电力等）；$Q_{i,t}$ 为单位能源 i 的耗水量（m^3）；$C_{i,t}$ 为能源输送量。

消费通过能源产品贸易将水压力转移到了生产区。由于生产技术和地理位置上的差异，在不同地区生产同一种产品的用水效率可能存在很大差异。同时，在产品的运输中存在一定的损失。利用水足迹和虚拟水理论，可从水资源综合效率的角度来评价跨区域贸易过程中的用水效率。以跨区域送电为例，将发电端和接收端发电用水效率进行比较，同时考虑输电过程中的线损，则可综合评价送电工程的节水、用水综合效率。商品生产、运输

和销售过程中的水转移可表示为

$$c_R = c_S \cdot \eta_{S,R} = c_S \cdot (1 - \phi_{S,R}) \tag{6-4}$$

式中，$\phi_{S,R}$（$0 \leqslant \phi_{S,R} \leqslant 1$）为从发电端 S 到接收端 R 输电过程中的转移损失率；$\eta_{S,R} = (1 - \phi_{S,R})$（$0 \leqslant \eta_{S,R} \leqslant 1$）为发电端 S 到接收端 R 输电过程中的接收效率；c_S 为发电端输送的电量；c_R 为接收端接收的电量。

在电网输送的过程中，假设存在 m 个发电端和 n 个接收端，第 i（$i=1, 2, \cdots, m$）个发电端水足迹计算公式为

$$w_i = \sum_j q_{i,j} \times c_{i,j} \tag{6-5}$$

式中，w_i 为发电端 i 产生的水足迹；$c_{i,j}$ 为发电端 i 从第 j 个发电厂发送的电量（kW·h），发电端可为火电、水电、风电或太阳能发电厂；$q_{i,j}$ 为发电端 i 从第 j 个发电厂生产单位电能的水足迹 [m³/(kW·h)]。

假设 $W = [w_1, w_2, \cdots, w_m]^T$ 为电力发电端水足迹向量，其中 w_i 为第 i 个发电端产生的电力水足迹。假设 $R = [r_1, r_2, \cdots, r_n]^T$ 为电力接收端水足迹向量，$L = [l_1, l_2, \cdots, l_n]^T$ 为电力传输过程中损失的虚拟水向量。根据质量守恒定律，三组向量遵循以下规则：

$$\sum W = \sum R + \sum L \tag{6-6}$$

式中，电力生产水足迹 $\sum W = \sum_{i=1}^m w_i$，电力接收端水足迹 $\sum R = \sum_{j=1}^n r_j$，电力损失水足迹 $\sum L = \sum_{j=1}^n l_j$。

进一步定义虚拟水传递矩阵 $A_R = [a_{ij}]_{m \times n} \cdot (J_{m \times n} - [\phi_{ij}]_{m \times n})$ 和虚拟水损失矩阵 $A_L = [a_{ij}]_{m \times n} \cdot [\phi_{ij}]_{m \times n}$：

$$R = A_R^T W \tag{6-7}$$

$$L = A_L^T W \tag{6-8}$$

定义虚拟水转移损失矩阵：

$$\phi_{ij} = f(p_{ij}, h_{ij}) \tag{6-9}$$

式中，a_{ij} 为从发电端 i 到接收端 j 传输的非负系数，$\sum_j a_{ij} = 1$；$J_{m \times n}$ 为全一矩阵；ϕ_{ij}（$0 \leqslant \phi_{ij} \leqslant 1$）为从发电端 i 到接收端 j 电力传输过程的损耗率，电力耗损率为电力传输功率 p_{ij}（GW）和传输距离 h_{ij}（km）相关的函数，其中 $p_{ij} \geqslant 0$ 且 $h_{ij} \geqslant 0$。

6.1.3 水资源压力指数

水资源压力指数（water stress index，WSI）是指因当地水资源的开采而导致的淡水压

力，用来反映人类活动所造成的水资源短缺状况。通常，WSI 的值可分为四个缺水级别：不缺水（<0.2）、中度（0.2~0.4）、严重（0.4~1.0）和极端缺水（>1.0）。WSI 表示如下：

$$\text{WSI} = \frac{\text{WU} - W_{\text{R}} - W_{\text{transfer}}}{Q} \tag{6-10}$$

式中，WU 是耗水总量（m^3）；W_{R} 和 W_{transfer} 分别是循环水消耗量（m^3）和净物理流入量（m^3）；Q 是当地水资源量（m^3）。

6.2 不同电力生产过程水足迹计算

电力生产全过程如图 6-2 所示，本研究主要讨论火力发电、核能发电、水力发电、生物质能发电以及再生能源发电的取水足迹和耗水足迹。取水足迹是生产单位电量从水源地抽取的水量；耗水足迹是生产单位电量过程中通过蒸发、输送或其他方式流失，无法以液体形态返回到其初始源头的水量。

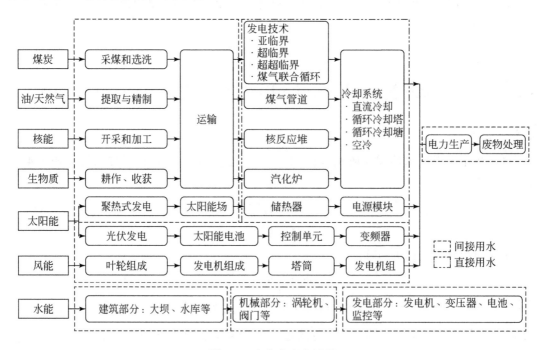

图 6-2 电力生产全过程

6.2.1 火电的用水强度

火力发电一般是指利用石油、煤炭和天然气等燃料燃烧时产生的热能来加热水，使水变成高温、高压水蒸气，然后再由水蒸气推动发电机来发电的方式的总称。按所用燃料分，主要有燃煤发电、燃油发电、燃气发电。由于中国煤炭资源储量丰富，火电机组中除了5%~6%的燃气机和柴油机发电机组外，其余都是以燃煤为主。煤炭开采、煤电能够反映一次能源开采、二次能源开发的全过程，是我国水资源需求最为集中和强烈的能源类型，也是对水资源影响最为深刻的能源产业。

（1）煤炭开采、洗选用水分析

水资源是煤炭工业的资源要素，是煤炭工业生存与发展的命脉。开煤矿需要水、找煤矿的同时就要找水源。从勘探阶段钻井用的泥浆到冬季生产井下的保温送风，从工作面洒水降尘到产品洗选加工，煤炭生产的每一个环节都离不开水（表6-1）。煤炭坑口发电、气化液化等煤炭的转化、精细加工和深加工更离不开水作为工作介质。根据联合国教育、科学及文化组织国际水教育学院估算煤的各种生产工序耗水量约为 0.59L/（kW·h）（Gerbens-Leenes et al., 2008）。

表6-1 煤炭生产主要用水环节

井工矿井采煤	露天煤矿采煤	煤炭洗选加工	煤炭洗选加工转化
水利采煤	采场工作面降尘洒水	破碎降尘用水	煤化工气化冷却水
水力提升	汽车运输道路洒水	重选工艺用水	焦化熄焦水
降尘洒水	穿孔爆破钻机用水	浮选工艺用水	电站锅炉汽轮机用水
机械化采煤	排土场土地复垦用水	真空泵循环冷却用水	电厂循环冷却水
硬顶板注水软化用水		压缩机循环冷却用水	电厂水力冲渣
水砂充填和井下注浆用水			湿法排灰用水
矸石山防灭火喷水和预注水			配制水煤浆用水
爆破钻孔用水			压制型煤用水

（2）火力发电用水特征

水在火力发电厂的生产过程，是一个能量转化过程，水或水吸收热能后生成的蒸汽是热力系统的工作介质，水发挥着重要的传递能量的作用。同时，水在火力发电厂的生产过程中还担负着重要的冷却作用，用以冷却涡轮机排出的蒸汽、冷却转动设备的轴瓦等。水同时还肩负着清洁的作用，湿式除尘器、湿式或半干法烟气脱硫系统、输煤栈桥喷淋等都不能缺少水。概括起来，火电厂耗水环节主要包括发电厂循环冷却系统补给用水、电厂除尘除灰排渣用水、锅炉补给水、辅助设备的冷却水、脱硫系统用水、煤场用水、电厂生活及消防用水。

火电厂生产需要足够的水量的同时，还需要一定的水质保证。火电厂生产的水质依用途不同而异。但总的原则是应尽可能防止在供水系统内产生沉淀、结垢或使金属部件产生磨损和腐蚀。直流供水时冷凝器冷却水需清除水草杂物和粗硬的砂粒，利用海水时还应有防止水生生物滋养的措施。其他用水也不用含有过量的悬浮物。锅炉补水的水质要求很高，要求尽可能提供水质较好且稳定的原水。

目前对火力发电的用水需求，主要采用的是全生命周期分析方法，包括煤炭开采、洗选、运输、发电、冷却以及其他过程中的用水情况。冷却过程是火力发电的主要用水过程，包括直接冷却、循环冷却（水冷和空冷）、混合冷却。直流冷却的火电的取水量远大于循环冷却，但直流冷却耗水相对较少（表6-2）。目前，长江及南方地区主要利用直流冷却，而北方地区几乎全部是循环冷却机组（项潇智和贾绍凤，2016）。

表6-2 火力发电不同冷却方式的用水量 ［单位：L/（kW·h）］

冷却方式	耗水足迹	数据来源	取水足迹	数据来源
直流	0.38~2.31	Gleick（1994）、Ali 和 Kumar（2015）	75.75~189.39	Ali 和 Kumar（2005）
循环（塔）	1.1~2.6		1.89~2.75	
循环（池塘）	1.02~3.38	EPRI（2012）、Ali 和 Kumar（2015）	1.14~3.41	

6.2.2 核能发电的用水强度

核能发电是利用核反应堆中核裂变所释放出的热能进行发电的方式。它与火力发电极其相似，只是以核反应堆及蒸汽发生器来代替火力发电的锅炉，以核裂变能代替矿物燃料的化学能。与燃烧化石燃料发电相比，核能发电不会排放巨量的污染物到大气中（如二氧化碳），加重地球温室效应；同时核燃料的能量密度比化石燃料高几百万倍，运输、储存都很方便。

所以，为了保证国家能源安全、调整国家能源结构，应对气候变化的要求（姜秋和靳顶，2011），《电力发展"十三五"规划（2016—2020年）》提出安全发展核电，推进沿海核电建设。

核能发电与火力发电的原理基本相同，其主要用水过程包括循泵轴封用水、核岛用水及常规岛用水。核能发电的冷却系统也分为直流冷却和循环冷却，表6-3列出不同冷却方式的耗水足迹和取水足迹。根据核电站的选址不同，可以分为内陆核电站和沿海核电站；由于发电工艺技术差别不大，不同地方的核电厂取水足迹和耗水足迹相差不大，但是滨海核电站中，常规岛循环冷却水系统、核岛重要厂用水、制氯站冷却用水等主要用海水；淡水用户为生活用水、生产用水、除盐用水等。目前，我国核电站主要分布于山东、广东、福建等沿海地区，取用海水作为冷却用水，淡水用量较少，约为 0.1L/(kW·h)（郭磊等，2013）。

表 6-3 核能发电不同冷却方式的用水量 ［单位：L/(kW·h)］

冷却方式	耗水足迹	数据来源	取水足迹	数据来源
直流	0.65~1.5	US Department of Energy（2006）、EPRI（2012）、Byers 等（2014）	164	Byers 等（2014）
循环（塔）	1.33~3.2		3.88	
循环（池塘）	1.33~2.7	US Department of Energy（2006）、EPRI（2012）、Kyle 等（2013）	3.7	Kyle 等（2013）

6.2.3 水力发电的用水强度

水力发电是利用河流、湖泊等位于高处具有势能的水流至低处，将其中所含势能转换成水轮机之动能，再借水轮机为原动力，推动发电机产生电能，水力发电属于再生能源，与航运、养殖、灌溉、防洪和旅游组成水资源综合利用体系。水力发电展示出了水资源和能源之间最明显的联系，是在管理和使用水资源的同时，获取能源的一种方式。我国水力资源丰富，且主要分布在缺少煤炭、石油等化石燃料的西南地区，经济相对落后的西部地区水力资源量占全国总量的比例高达 81.7%，其中西南地区占 66.7%。其次是中部地区，占比为 13.0%，而用电负荷集中的东部地区，水力资源量占比仅为 5.3%。到 2017 年，中国常规水电装机容量 3.1 亿 kW，抽水蓄能电站装机容量 3300 万 kW；水电发电量达到 1.2 万亿 kW·h，占全国总发电量的 18.1%，占可再生能源发电量的 70.3%，是开发利用最为成熟的可再生能源。

目前，关于水力发电的水资源消耗争议比较大，虽然水坝实际上不消耗水，或者改变水的物理化学性质，但是它们确实短暂地打乱了水的自然流动。有学者认为水能发电主要是水流带动汽轮机，其间消耗量很少（罗小丽，2012）；而有的学者认为水电水足迹是产生单位能源所需要消耗的总的水库蒸发量，等于某一水库总的年蒸发量除以水库年发电量（朱艳霞等，2013；赵丹丹等，2014）。例如，Gleick（1994）分析加利福尼亚州水电的耗水足迹是 5.4~26L/(kW·h)，美国能源部（Torcellini et al.，2004）认为水电的耗水足迹最大值为 68L/(kW·h)；这些评估方法忽略了水库的多功能性，高估了水电足迹。本章引用 Davies 等（2013）对水力发电的总结，取水足迹为 2.7~29L/(kW·h)，耗水足迹引用何洋等（2015）研究结果，为 1.8L/(kW·h)。

6.2.4　生物质能发电的用水强度

生物质能是太阳能以化学能形式储存在生物质中的能量形式，直接或者间接地利用植物的光合作用，即以生物质为载体的能量。生物质通常包括植物、微生物以及以植物、微生物为食物的动物及其生产的废弃物，具体分为水生植物、油料植物、木材、农业废弃物、森林废弃物、城市和工业有机废弃物、动物粪便等。与传统的直接燃烧方式不同的是，现代利用生物质产生能量，主要是通过热化学、物理以及生物等一系列技术手段，制造出清洁燃料和化石原料一部分替代石油等化石燃料（马广鹏和张颖，2013）。为缓解温室气体导致全球变暖的负面影响和化石能源带来的能源危机，生物质能源越来越受到关注。根据国际能源署的统计资料，生物质能源是继煤炭、石油、天然气之后，消费量位居第四的世界能源（刘乐等，2014）。

我国生物质能源相当丰富，理论生物质能源大约有 50 亿 tce，是我国目前总能耗的 4 倍（魏伟等，2013）。近年来，我国政府制定和实施了一系列法规政策，促进了生物质能源的发展，虽然生物质能利用技术已经比较成熟，但是目前只有少数生物质少量利用，如生物柴油、沼气发酵、生物质成型燃料。

但生物质能源开发、利用对水资源的消耗也是一个备受关注的问题。因为农业生物质发电过程需要水资源源于两部分：一是能源作物生长过程的水资源消耗；二是利用生物质进行发电过程中的水资源利用。能源作物种植面积的过大，会带来农业用水的增加，减少人类的可利用水资源量。对我国主要粮食作物的水资源需求分析，发现近十年作物水足迹呈减少趋势，虽然玉米的水足迹最小，但其单位生物质量的水足迹约为 $900m^3/t$（蓝水足迹约为 $200m^3/t$），而单位生物质能水足迹约为 $42.6L/(kW \cdot h)$。宁淼等（2009）分析高粱、甘蔗、棉花等非粮食作物的水足迹，分别为 $86.5L/(kW \cdot h)$、$99.5L/(kW \cdot h)$ 和 $286.6L/(kW \cdot h)$。同时生物质能源发电过程也需要水来冷凝、稀释等，这部分用水远小于能源作物生长过程用水，为 $1.8 \sim 2.5L/(kW \cdot h)$（Singh et al.，2011）。我国秸秆生物质资源蕴藏量约为 9.11 亿 t，且分布较为集中，主要分布在山东、河南、吉林、黑龙江、四川等省份。从能源发展长期规划来看，利用农业废弃物、城镇生活垃圾等生物质能不仅可以维护能源安全、促进农村和农业发展，还可以减少与粮食作物、经济作物的水、土地竞争，具有较大的生产潜能。

6.2.5　太阳能发电的用水强度

太阳能是太阳内部或者表面黑子连续不断的核聚变反应过程产生的能量，我国陆上每年接受的太阳辐射能量相当于 1.7×10^{12}tce，如果能利用 1% 的太阳能来进行发电，可装机 25 亿 kW 的太阳能发电装置，年发电量相当于我国总发电量（罗承先，2010）。中国太阳能发电技术较为发达，约占世界总产量的 60%，2017 年太阳能发电 967 亿 kW·h，比 2016 年增长 57.1%。根据国家能源局提供的规模发展指标，到 2020 年太阳能发电装机容量有望达到 1.6 亿 kW，年发电量达到 1700 亿 kW·h。

利用太阳能发电主要分为太阳能光发电和太阳能热发电。太阳能光发电是指无需通过热过程直接将光能转变为电能的发电方式，它包括光伏发电、光化学发电、光感应发电和光生物发电；其中光伏发电是利用太阳能级半导体电子器件有效地吸收太阳光辐射能，并使之转变成电能的直接发电方式，是当今太阳能发电的主流，光伏发电只需要水资源清洗电池组件表面，约为 0.019L/（kW·h）（廖世克等，2013）。光热发电利用大规模阵列抛物或碟形镜面收集太阳热能，通过换热装置提供蒸汽，结合传统汽轮发电机的工艺，进行发电，所以过程中需要水资源冷却，为 2.8~3.3L/（kW·h）（Jacobson，2009）。

6.2.6　风力发电的用水强度

风能作为一种清洁的可再生能源，其蕴藏量巨大，越来越受到世界各国的重视。中国风能资源丰富，可开发利用的风能储量约为 10 亿 kW，在 20 世纪 90 年代中后期，我国实施了"双加工程"和乘风计划，促进风电产业的发展（罗小丽，2012）；2017 年，中国风力发电装机容量增长到 1.64 亿 kW，从 2013 年开始风电已超越核电，成为第三大电源。风力发电是利用风力带动风车叶片旋转，再透过增速机将旋转的速度提升，来促使发电机发电，其运转过程中不需要消耗水资源。

6.2.7　不同电力生产的用水效率比较

通过对比不同电源的用水强度发现，燃煤火电直接冷却方式的取水足迹是循环冷却方式的 100 倍（图 6-3），但耗水足迹仅是循环冷却方式的一半左右（图 6-4）。由于直接冷却方式取水量大部分来自河流湖泊，目前可利用水资源量无法满足其取水需求；同时通过直流冷却方式排放的水可能对河流的生态系统造成影响，直接冷却方式已经逐渐被循环冷却方式取代。随着空冷技术的成熟及推广，未来规划新建的火电厂多采用空冷技术，尤其是在西北缺水的大型煤电基地，更是强制采用空冷技术，以节约水资源，保障电力供水安全。核能发电的耗水足迹、取水足迹与燃煤火电相近，但核电站目前主要分布在东南沿海地区，主要以海水作为冷却水，对于淡水的消耗，燃煤火电大于核能发电。

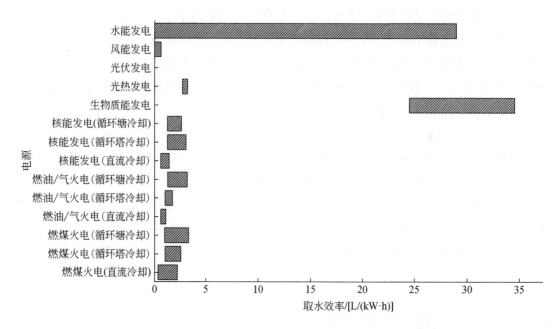

图 6-3 不同电源的取水足迹

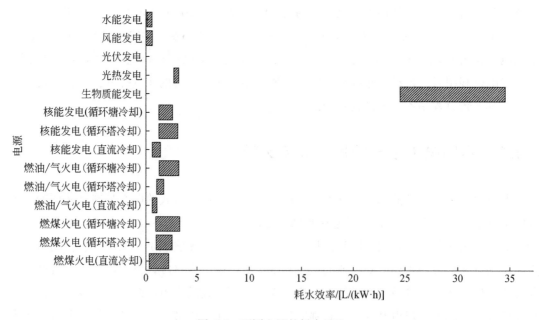

图 6-4 不同电源的耗水足迹

利用能源作物发展生物质能发电，其发电过程中需要消耗的水资源量最大，是火力发电耗水量的 50 倍左右，加重了农业用水量，在节水方面不具有优势；但是利用第二代生物质能，包括沼气、农业剩余物、城市废弃物发电等，其耗水量小于或等于燃煤火电。利用可再生能源发电，如风能、太阳能光伏发电在运行过程消耗水资源量极少，是节水减排的产能方式。而水力发电虽然耗水量较小，但是水力发电对地方河流水资源状况有较高的依赖性，其取水量大于火电、核电。为保障水资源的可持续利用，应调整发电结构，大力发展风电、光伏发电、生物质能，积极发展水电，安全发展核电。

第7章 西北能源基地水与能源适配性分析

7.1 煤炭相关产业发展现状与未来趋势

7.1.1 煤炭资源基本情况

1. 煤炭总量

《全国煤炭资源潜力评价》显示，全国煤炭资源共圈定预测区 2880 个，总面积 42.84 万 km^2，预测资源量 3.88 万亿 t。综合预测评价结果，全国 2000m 以浅煤炭资源总量 5.9 万亿 t，其中，探获煤炭资源储量 2.02 万亿 t，预测资源量 3.88 万亿 t。2017 年全国煤炭产量完成 35 亿 t 左右，全年消费 38 亿 t。按煤炭储量 1.67 万亿 t 来计算，约可供开采 438 年。

2. 煤炭资源分布

富煤、贫油、少气是中国先天的资源禀赋特征，煤炭占中国石化能源储量的 96%，煤炭资源的总体分布格局是西多东少、北多南少。中西部 12 个省（直辖市、自治区）煤炭产量占全国产量的 67.7%。其中"三西地区"（内蒙古西部、山西、陕西）是中国主要产煤地区，煤炭产量占比达 50.5%；昆仑山—秦岭—大别山以北的北方地区保有资源量占全国的 90% 以上，以南的南方地区占比不足 10%，且主要分布在贵州和云南两省。就煤炭消费而言，经济发达的东部地区煤炭消费占全国煤炭消费总量的 66.7%。但东部地区煤炭资源匮乏。煤炭产量占全国总产量的比例仅为 32.3%，东南沿海五个煤炭消费大省（直辖市）产量总和不足全国总产量的 2%。中国这种煤炭资源分布的固有特征以及煤炭消费的区域性差异决定了北煤南运、西煤东调的格局难以改变，并且随着未来东部地区煤炭资源的逐步枯竭，东部地区尤其是东南沿海地区煤炭净调入量需求将进一步加大。

3. 煤炭能源基地

全国已建 14 个大型煤炭生产基地（表 7-1），其中神东、晋北、晋中、晋东、陕北大型煤炭基地处于中西部地区，主要向华东、华北、东北等地区供给煤炭，并作为"西电东送"北通道电煤基地。冀中、河南、鲁西、两淮基地处于煤炭消费量大的东中部，向京津冀、中南、华东地区供给煤炭。蒙东（东北）基地向东北三省和内蒙古东部地区供给煤炭。云贵基地向西南、中南地区供给煤炭，并作为"西电东送"南通道电煤基地。黄陇（含华亭）、宁东基地向西北、华东、中南地区供给煤炭。《煤炭工业发展"十三五"规划》提出，全国煤炭开发总体布局是压缩东部、限制中部和东北、优化西部。降低鲁西、冀中、河南、两淮大型煤炭基地生产规模，鲁西基地产量控制在 1 亿 t 以内、冀中基地 0.6 亿 t、河南基地 1.35 亿 t、两淮基地 1.3 亿 t。控制蒙东（东北）、晋北、晋中、晋东、云贵、宁东大型煤炭基地生产规模，到 2020 年，蒙东（东北）基地 4 亿 t、晋北基地 3.5 亿 t、晋中基地 3.1 亿 t、晋东基地 3.4 亿 t、云贵基地 2.6 亿 t、宁东基地 0.9 亿 t。有序推进陕北、神东、黄陇、新疆大型煤炭基地建设，到 2020 年，陕北基地 2.6 亿 t、神东基地 9 亿 t、黄陇基地 1.6 亿 t、新疆基地 2.5 亿 t。14 个大型煤炭基地产量 37.4 亿 t，占全国煤炭产量的 95% 以上。

表 7-1　我国的 14 个大型煤炭基地

编号	基地名称	所在省份	所在地市	备注
1	神东	内蒙古	鄂尔多斯、乌海、包头	鄂尔多斯综合能源基地
2	蒙东	内蒙古	锡林郭勒、赤峰、呼伦贝尔、通辽、兴安	蒙东综合能源基地
3	宁东	宁夏	银川、吴忠	鄂尔多斯综合能源基地
4	晋北	山西	大同、朔州、吕梁、忻州	山西综合能源基地
5	晋中	山西	太原、晋中、运城、临汾	山西综合能源基地
6	晋东	山西	长治、阳泉、晋城	山西综合能源基地
7	陕北	陕西	榆林、延安	鄂尔多斯综合能源基地
8	黄陇	甘肃、陕西	平凉、庆阳、铜川、咸阳	鄂尔多斯综合能源基地
9	新疆	新疆	阿克苏、巴音郭楞、昌吉、哈密、伊犁、克拉玛依、塔城、吐鲁番、乌鲁木齐	新疆综合能源基地
10	冀中	河北	唐山、邯郸、张家口、邢台、承德	
11	河南	河南	平顶山、郑州、商丘、三门峡、许昌、新乡、鹤壁、洛阳、焦作	
12	两淮	安徽	淮南、淮北	
13	鲁西	山东	济宁、枣庄、泰安、菏泽、烟台	
14	云贵	贵州、云南	六盘水、毕节、安顺、遵义、曲靖、昭通、红河、丽江、昆明	西南综合能源基地

7.1.2　煤电发展现状

1. 煤电发展概况

2017 年，全国发电量 64 171 亿 kW·h，同比增长 6.5%，增速同比上升 1.6%。其中，水电发电量 11 931 亿 kW·h，同比增长 1.5%，占全国发电量的 18.6%，占比同比下降 0.9%；煤电发电量 41 498 亿 kW·h，同比增加 5.17%，占全国发电量的 64.7%，占比较上一年增加 5.0%；核电、风电和太阳能发电量分别为 2481 亿 kW·h、3034 亿 kW·h 和 1166 亿 kW·h，同比分别增长 16.4%、26.0% 和 75.3%，占全国发电量的比例同比分别提高 0.4 个百分点、0.8 个百分点和 0.7 个百分点。

作为以煤为主的资源型国家，我国的发电能源也是以电煤为主，年均发电量在 40 000 亿 kW·h 左右。近年来，煤电发电装机容量占总容量的 60%，发电量占 70% 以上。虽然能源发展向高效清洁利用转型，但其他任何能源在今后相当长时间内还不可能完全取代煤电在电源结构中的核心地位。2005～2017 年煤电占比从 81% 下降到 71%，煤电发电量占比一直在降低，进入"十三五"以来，煤电发电量占比降速逐渐放缓。这说明，为保障我国未来用电刚性需求，未来煤电将更多地承担支撑电力系统运行、给系统调峰等作用，但煤电仍是我国的主力电源，在电力系统中的主体地位不会发生变化。

2. 主要特征

发电效率提高。煤炭的高效和清洁化利用主要体现为煤炭发电的高效和清洁，近年来中国通过"上大压小"和"关停小火电"等措施，淘汰一批落后火电技术，火电效率明显提高，2017 年供电煤耗降低至 309gce/（kW·h），比 2000 年下降 83gce/（kW·h）。但中国火力发电技术与国际先进水平相比仍有至少 27gce/（kW·h）的差距，火电利用率还有较大的提升空间。

电力产能过剩。我国电力装机达到 19 亿 kW，其中煤电装机 10.1 亿 kW，占比 53%；煤机发电量 4.45 万亿 kW·h，占比 64%；燃料成本占煤电发电成本的 70% 左右。火电利用小时从 2004 年的 5991h 下降到 2017 年的 4219h，但设备平均利用率已下降到 50% 左右，大量机组处于停备状态。同期，绿色发展步伐明显加快，风、光、水、核、气、生物质并举，特别是风电"疯长"，光伏掀起抢装"狂潮"，清洁装机占比大幅度提升。

时段性供需矛盾突出。受来水偏枯导致水电出力下降、煤电供应、电源电网结构性失调、部分省份装机不足、经济和电力需求增长较快等因素的影响，部分地区、高峰时段供需矛盾比较突出。

3. 制约因素

温室气体排放控制要求构成硬约束。受到温室气体排放总量的限制,温室气体的减排目标将由相对量的减排过渡到相对量减排与绝对量减排并存的状况,对煤电发展形成硬约束条件。

能源独立要求将成为硬约束。中国在未来发展中需要一个以能源独立为基础、以广泛国际能源合作为补充的能源系统作为国家发展的坚实基础,对能源独立程度和进程的判断决定着煤电发展的战略。

中国页岩气开发的进展是煤电发展的不确定制约因素。中国页岩气的发展对煤电并不直接构成硬约束条件,但却直接影响煤电的规模、布局、功能和利用率等。

4. 煤电未来趋势

(1) 布局改变

东部煤电发展空间所剩无几。东部地区特别是京津冀、长三角、珠三角等区域煤电发展"紧箍"越来越紧,在新建项目的审批上,只保留了"上大压小"的出路:现有多台燃煤机组装机容量合计达到30万kW以上的,可按照煤炭等量替代的原则改建为大容量机组。区域内的煤炭消费总量被限定,新上煤电机组不再给予新增煤炭消费指标,"以煤定电"使得东部地区只能选择大容量、高能效、低排放机组。

西部煤炭基地撑起煤电基地。我国建设山西、鄂尔多斯、蒙东、西南地区和新疆五大国家综合能源基地,依托煤炭基地资源优势,煤电是这些能源基地的主要内容。在内蒙古、新、晋、陕、甘、宁、黔等省(自治区)建设16个大型煤电基地,包括晋东、晋中、晋北、陕北、彬长、宁东、准格尔、鄂尔多斯、锡林郭勒、呼伦贝尔、哈密、准东、伊犁、淮南、陇东以及贵州。

锡林郭勒、鄂尔多斯、晋北、晋中、晋东、陕北、哈密、准东、宁东等被列入国家9个千万千瓦级大型煤电基地,已经形成完备的西电东送能力。

(2) 供求增加

截至2017年底,全国发电装机容量达17.8亿kW,其中火电装机11.0亿kW,占62.2%;水电装机3.4亿kW,占19.3%;核电装机3582万kW;风电装机1.6亿kW;并网太阳能发电装机1.3亿kW。2017年,我国非化石能源发电装机占全国总装机的38.8%,比2016年提高2.2%;非化石能源发电量同比增长10.1%,占全国发电量的30.3%,比2016年提高了1.0%;人均装机和年人均用电量分别达到1.3kW、4616kW·h。随着电力在能源的中心地位不断提升,据中电联预测,2025年、2030年、2035年我国全社会用电量分别达到9.5万亿kW·h、11.3万亿kW·h、12.6万亿kW·h,"十四五"

"十五五""十六五"期间年均增速分别为 4.8%、3.6%、2.2%。

（3）技术发展

2020 年以后，中国电力需求达 1000GW 以上，其中煤电约占 65%。新建燃煤电站主要采用 600MW 机组，大力发展超临界机组，2011 年中国已经启动 700℃ 超超临界发电机组的研发，这将为中国未来火电技术提升奠定坚实基础。从表 7-2 可以看出，700℃ 超超临界机组供电煤耗将比当前平均供电煤耗每千瓦时减少 74gce 以上，效率可以提高近 1/3。

表 7-2　主要煤炭发电技术参数比较

参数	蒸汽温度/℃	蒸汽压力/MPa	热效率/%	煤耗/[gce/(kW·h)]
中温中压	435	35	24	480
高温高压	500	90	33	390
超高压	535	13	35	360
亚临界	545	17	38	324
超临界	566	24	41	300
超超临界	600	27	43	284
700℃ 超超临界	700	35	46 以上	210

5. 发展基础

1）淘汰落后产能成效显著。根据《2017 煤炭行业发展年度报告》，2016 年以来累计完成煤炭去产能 5 亿 t 以上。在化解煤炭过剩产能进程中，积极推动先进产能建设，新核准建设了一批大型现代化煤矿，优质产能比例大幅提高。煤炭产能利用率达到 68.2%，同比提高 8.7%。全国大型煤炭企业采煤和掘进机械化程度达到 96.1% 和 54.1%。

2）煤炭开发布局不断优化。煤炭生产重心向晋、陕、内蒙古等资源禀赋好、竞争能力强的地区集中。2017 年，14 个大型煤炭基地产量占全国的 94.3%。内蒙古、山西、陕西、新疆、贵州、山东、河南、安徽 8 个亿吨级省（自治区）原煤产量 30.6 亿 t，占全国的 86.8%。其中，晋、陕、内蒙古三省（自治区）煤炭产量占全国的 66.82%。

3）产业结构调整步伐加快。2017 年底，全国煤矿数量减少到 7000 处以下。其中，年产 120 万 t 及以上的大型现代化煤矿达到 1200 多处，产量占全国的 75% 以上；建成千万吨级特大型现代化煤矿 36 处，产能 6.12 亿 t/a；在建和改扩建千万吨级煤矿 34 处，产能 4.37 亿 t/a；30 万 t 以下小型煤矿减少到 3200 处，产能 3.2 亿 t/a 左右。

4）绿色发展取得积极进展。2017 年，全国原煤入选率 70.2%，矿井水利用率达到 72%，煤矸石综合利用处置率达到 67.3%，井下瓦斯抽采利用量达到 48.9 亿 m^3，大中型煤矿原煤生产综合能耗、生产电耗分别达到 11.6kgce/t、21.2kW·h/t，煤矸石及低热值煤综合发电装机 3600 万 kW，土地复垦率达到 49%。以煤矿保水开采、充填开采、无煤柱自成巷开采等为主的绿色开采技术得到普遍推广。

6. 煤炭资源未来趋势

从国际看，世界煤炭需求总量增加，发达经济体煤炭需求平稳，新兴经济体煤炭需求增长。2017 年世界煤炭产量 77.3 亿 t，比 2010 年增加 24 亿 t，其中我国占 45.6%；2017 年世界煤炭消费量 37.32 亿 toe，比上年上涨 1.0%。其中，中国占世界煤炭总消费量的 46.4%，比上年下降 4.2 个百分点。但受世界经济发展不确定性影响，以及应对气候变化减少温室气体排放的要求，煤炭需求增速放缓。

从国内看，国民经济继续保持平稳较快发展，工业化和城镇化进程加快，煤炭消费量还将持续增加。考虑到调整能源结构、保护环境、控制 $PM_{2.5}$ 污染等因素的影响，煤炭在一次能源结构中的比例将明显下降。合理控制煤炭消费总量，限制粗放型经济对煤炭的不合理需求，降低煤炭消费增速，也是煤炭工业可持续发展的客观需要，东中部煤矿转产和资源型城市转型难度大，西部生态环境脆弱，实现安全发展、节约发展、清洁发展任务艰巨。

随着 14 个大型煤炭基地建设稳步推进，煤炭行业集约化程度和生产供给能力总体增强。但是煤炭生产将受到需求疲软、运输瓶颈、国内价格总体回调等因素影响，煤矿产能利用率将明显下降。总体来看，煤炭供需有望保持基本平衡，但是结构性过剩和时段性、区域性偏紧并存。分区域看，"三西"地区产量增速高于需求增长，净调出量增加；东南沿海地区需求增速回落；华中地区受运力不足影响，供需平衡关系相对脆弱。

7.1.3 煤化工发展现状与未来形势

1. 煤化工现状分析

传统煤化工行业（包括焦化、合成氨、电石和甲醇）是中国国民经济的重要支柱产业，其产品广泛用于农业、钢铁、轻工和建材等相关产业，对拉动国民经济增长和保障人民生活具有举足轻重的作用。目前，我国传统煤化工产品生产规模均居世界第一，合成氨、甲醇、电石和焦炭产量分别占全球产量的 32%、28%、93% 和 58%。但是我国传统煤化工产品处于阶段性供大于求状态，产能均有一定的过剩，主要是结构性过剩，随着淘汰落后产能政策的实施和产业向中西部资源地转移，总量会保持稳定增长，但产业结构会有较大改善，竞争力会进一步增强。

我国的新型煤化工行业（包括煤制烯烃、煤制油、煤制天然气和煤制乙二醇等）处于示范发展阶段。新型煤化工项目投资巨大，技术复杂，耗水量大，温室气体排放量较高。考虑到资源和生态环境的承载力，新型煤化工应定位为战略性产业，作为石油化工的补充，有控制地发展。

2. 现状布局

我国煤炭资源和水资源基本呈逆向分布。以内蒙古、宁夏、陕西、山西交汇的黄河中上游为例，该地区煤炭资源富集，但约有 40% 位于半干旱地区，其水资源量仅占全流域的 24.6%，人均水资源量不足黄河流域人均水资源量的一半。在难以改变客观环境的条件下，解决之道无外乎"开源节流"。国家在重点布局煤化工基地的同时，加强当地的水资源开发和利用。新疆、内蒙古、陕西等是中国发展新型煤化工的重点地区，根据规划，我国将在内蒙古、陕西、山西、云南、贵州、新疆等地选择煤种适宜、水资源相对丰富的地区，重点支持现代新型煤化工升级示范工程建设。

从布局上看，重点项目分布于：①综合示范区。主要位于新疆伊犁、新疆准东。②其他示范项目。内蒙古（西部在鄂尔多斯，东部在兴安盟）、陕西（榆林地区）、山西（晋北、晋中和晋东）、宁夏（宁东能源化工基地）、安徽（淮南、淮北）、云南、贵州等地。新疆煤炭资源丰富，发展潜力很大，特别是伊犁和准东，成为新型煤化工的热点地区；陕西、内蒙古、宁夏等地受煤价影响，煤化工发展有较强针对性，重点发展煤制烯烃等竞争力较强的产业。

3. 技术路径

从技术路径上看，如前所述，综合技术成熟度、经济性、市场空间、能源转换效率等因素，新型煤化工的发展前景排序为煤制天然气>煤制烯烃>煤制乙二醇>煤制油。主要指标比较：①能源转换效率煤制天然气>煤制烯烃>煤制乙二醇>煤制油；②技术成熟度煤制烯烃>煤制乙二醇>煤制天然气>煤制油；③市场需求煤制天然气>煤制烯烃>煤制乙二醇>煤制油。目前，神华、中煤、潞安、兖矿等煤炭企业主要投资于煤制天然气、煤制烯烃、煤制油这三类项目，这些项目主要由集团公司进行操作，神华集团有限责任公司建成世界上首个产能 108 万 t 煤炭直接液化项目。

4. 制约因素

煤化工是将煤炭转换成为另一种化石能源或化工产品，不是直接获取能源，这是煤化工固有的先天缺陷。从转换效率来看，即使采用最先进技术，煤制气效率为29%，煤制油效率为35%，并没有突出优势，且煤化工耗水量巨大（表7-3），煤制油生产1t油需要投入至少8t水，而中国煤炭资源与水资源的逆向分布更加剧了这一矛盾。煤炭资源集中于西北和东北地区，而这些地区普遍较为缺水，很难支撑大规模的煤化工发展，形成很强的资源和环境约束。

表 7-3　煤化工产品耗能情况

项目	单位	耗水量	耗煤量
煤制甲醇	t/t	9.2 ~ 11.8	1.8 ~ 2.29
煤制气	t/万 m³	67	46
煤制油	t/t	8.3 ~ 15.4	3.8 ~ 4.8

5. 发展趋势

目前煤制油示范工程正处于试生产阶段，煤制烯烃等示范工程尚处于建设或前期工作阶段，但一些地区盲目规划现代煤化工项目，若不及时引导，势必出现"逢煤必化、遍地开花"的混乱局面。根据《国家发展改革委关于规范煤制天然气产业发展有关事项的通知》（发改能源〔2010〕1205号）的相关规定，在国家出台明确的产业政策之前，煤制天然气及配套项目由国家发展和改革委员会统一核准。各级地方政府应加强项目管理，不得擅自核准或备案煤制天然气项目。煤化工发展不仅要考虑到煤资源合理利用，更要考虑到环境容量、水资源及市场等制约因素；还必须从政策出发，煤化工发展必须符合国家节能减排工作的要求，要从全生命周期的角度，全面评价煤化工产品能源利用效率和二氧化碳排放对环境的影响。由于现代新型煤化工对 GDP 和就业的拉动作用巨大，在具有丰富煤炭资源的区域，地方政府对发展新型煤化工的热情普遍较高，主要集中在新疆、山西、陕西、宁夏、内蒙古、贵州等地区。

7.2　未来用于能源生产的供水量分析

在我国14个大型煤炭基地中，除云贵煤炭基地和两淮煤炭基地处于我国水资源较丰富的区域之外，其余煤炭基地都处于干旱或半干旱地区。尤其是神东、陕北、黄陇以及晋中、晋北、晋东和新疆煤炭基地均处于黄河中上游缺水地区和西北内陆河流域缺水地区，能源产业受水资源约束显著。尤其新疆、宁夏和内蒙古以及甘肃、青海、陕西和山西的煤炭、石油和天然气的生产规模比例分别占全国总量的 75.2%、33.2% 和 81.1%，本章重点分析这些地区的能源用水情况。为了分析西北干旱区中能源生产对水资源可持续性的影响，我们的研究考虑了四种主要能源。

随着开发技术的进步和政策的要求，未来不同的能源开发程度会使用水定额存在差异，本章设定了正常用水情景或节水情景，并选取 2017 年、2030 年和 2050 年为典型年份，2017 年的耗水计算仅考虑正常用水情况，并认为其值是该年能源开发耗水的实际值，2030 年和 2050 年考虑正常用水情景和节水情景，并通过以下四个步骤计算得出。

第一，中央政府发布的"三条红线"政策确定了 2030 年的水量分配。根据这项政策，到 2030 年西北干旱区的耗水总量控制在 1249 亿 m^3 以内。本研究假设 2030 年和 2050 年研究区的用水总量均受"三条红线"政策（WS_{AWI}，m^3）控制。与 2017 年的用水量（WS_{CUR}，m^3）相比，该政策允许未来用水量的增量（$WS_{INC-POL}$，m^3）为

$$WS_{INC-POL} = WS_{AWI} - WS_{CUR} \tag{7-1}$$

第二，水资源约束是指可用水总量（WS_{WRC}，m^3），通常是当地年均水资源的 40%。根据此定义，与 2017 年的当前耗水量相比，未来潜在的可用水增量（$WS_{INC-WRC}$，m^3）为

$$WS_{INC-WRC} = WS_{WRC} - WS_{CUR} \tag{7-2}$$

第三，将政策允许用水量的增量（$WS_{INC-POL}$）与潜在用水量增量（$WS_{INC-WRC}$）进行比较，并将较低的值作为未来研究区的最终供水增量（Inc_{TOTAL}，m^3）。如果 Inc_{TOTAL} 小于 0，则将 Inc_{TOTAL} 视为 0。

$$Inc_{TOTAL} = min(WS_{INC-POL}, WS_{INC-WRC}) \tag{7-3}$$

第四，在确定研究区未来可用的供水量之后，我们假定研究区内的所有产业将具有与 2017 年相似的均衡发展。因此，2030 年和 2050 年的能源生产将根据 2017 年（当前）产业用水的比例（Inc_{ENE}，m^3）来确定供水量：

$$Inc_{ENE} = Inc_{TOTAL} \times Current\ ratio_{2017} \tag{7-4}$$

7.3　西北能源基地用水分析

7.3.1　西北能源基地生产预测

根据中国工程院重大咨询项目"中国能源中长期（2030、2050）发展战略研究"，分析西北能源基地 7 个省份当前和未来的能源生产情况（图7-1）。研究区域的能源生产规模在 2030 年和 2050 年将分别达到 3.162 亿 tce 和 2.589 亿 tce，远高于目前的 2.365 亿 tce。2017 年，煤炭在西北 7 个省份的能源生产中占很大比例（84.6%）。到 2030 年和 2050 年，由于煤炭储量减少和能源供应结构的变化，煤炭产量在能源总产量中所占的比例将分别降至 72.9% 和 67.8%。火电将是未来增长最快的能源，生产规模将从 2017 年的 1.513 亿 tce

增加到 2030 年的 5.016 亿 tce。根据中国工程院的预测结果，西北地区的能源生产将会在 2030 年达到顶峰，此后能源生产开始下降。到 2050 年，内蒙古和山西的能源生产规模将分别比当年降低 20.3% 和 21.1%，而在研究区域的其他省份，2050 年的能源生产将高于 2017 年。

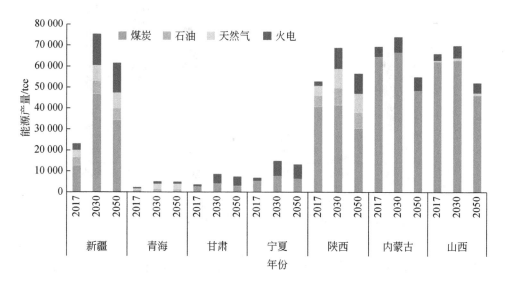

图 7-1　西北能源基地 7 个省份能源生产情况

7.3.2　2017 年能源生产耗水量

图 7-2 展示了西北地区各省份能源生产耗水量。2017 年，西北地区能源生产耗水量为 24.4 亿 m³，约占区域耗水总量的 3.3%，占区域工业耗水总量的 57.5%。火力发电量为 1530 万 tce，仅占研究区能源总产量的 6.8%，但耗水强度高，其耗水量占总耗水量的 62.7%。煤炭提供了西北地区能源生产的 84.6%，但由于耗水强度较低，生产煤炭的耗水量达不到火电耗水量的一半。天然气是一种清洁能源，耗水量低。目前，西北地区天然气耗水量为 1.85 亿 m³，仅占能源生产耗水总量的 7.6%。随着采矿技术的进步，这一比例可能会降低。此外，陕西是研究区内最大的石油生产省份和石油生产耗水省份。陕西的石油开采耗水量占该地区总耗水量的 76.1%。

不同的能源生产技术和能源储备条件导致了区域能源耗水量的差异，并造成了水资源可持续发展压力的变化。内蒙古是西北地区最大的能源生产区，也是最大的能源耗水区。2017 年内蒙古能源生产耗水量达 7.1 亿 m³，占该地区工业用水量的 72.4%（表 7-4），意味着该地区能源开发消耗了大部分工业用水，这种情况与新疆和陕西类似。青海是研究区

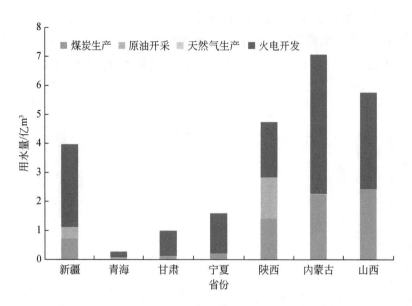

图 7-2　2017 年不同省份能源生产的耗水情况

域中能源耗水量最少的省份，仅消耗了 0.3 亿 m³ 的水。省内拥有丰富的能源储备，但由于其位于青藏高原上，严格的环境保护政策限制了能源的发展，能源耗水量仅占该地区工业用水的 20.0%。与其他地区相似，农业部门是西北地区的主要用水户。然而，随着用水需求的增加，西北地区的能源产业将得到快速发展。在保证区域水资源能力有限的情况下，这将加剧不同行业之间对水资源的竞争。

表 7-4　能源生产耗水量与工业用水和总耗水量的比较

省份	能源生产耗水量 /亿 m³	工业水量		总水量	
		工业耗水量 /亿 m³	能源生产耗水量与工业耗水量的比率/%	总耗水量 /亿 m³	能源生产耗水量占总量的比例 /%
新疆	4.0	5.9	67.8	373.1	1.1
青海	0.3	1.5	20.0	16.5	1.8
甘肃	1.0	3.4	29.4	77.3	1.3
宁夏	1.6	3.4	47.1	32.3	5.0
陕西	4.7	6.5	72.3	55.3	8.5
内蒙古	7.1	9.8	72.4	126.5	5.6
陕西	5.8	11.6	50.0	58.5	9.9
总量	24.5	42.1	58.2	739.5	3.3

7.3.3　2017年与能源有关的虚拟水调动对水资源压力的影响

近十年来，西北地区面临着严重的水资源短缺与水资源供需差距日益扩大的问题，但该地区已经输出了大量能源贸易消耗的虚拟水。研究区中每个省份的虚拟水流出量如图7-3所示。2017年所有省份都是虚拟水的输出者，虚拟水总产量为4.903亿 m^3，占能源生产耗水总量的20.1%。内蒙古和甘肃分别是最大和最小的虚拟水输出省份。内蒙古出口了2.349亿 m^3 的虚拟水，占西北地区虚拟水调动的47.9%，而甘肃仅出口了30万 m^3 的虚拟水。2017年，西北地区的平均WSI为0.52，属于严重缺水等级，且能源虚拟水的输出进一步增加了水资源可持续利用的难度。如图7-3所示，除青海外，西北地区其他6个省份都面临缺水（WSI≥0.2），而6个省份中有5个省份严重缺水（WSI≥0.4）。宁夏是西北地区最缺水的地区，其WSI高达1.3，这意味着当前的耗水量已经超过了可利用水资源的上限。2017年宁夏转移出的虚拟水量为1990万 m^3，约占当年该地区生活用水量的1/3。能源生产也加剧了陕西、内蒙古和山西水资源发展的困难性，这些省份的耗水量分别占虚拟水总量的2.6%、1.9%和1.5%。尽管新疆、青海和甘肃的虚拟水转移量相对较小，但虚拟水的输出仍然增加了这些地区特别是干旱和半干旱地区的水资源供需差距。

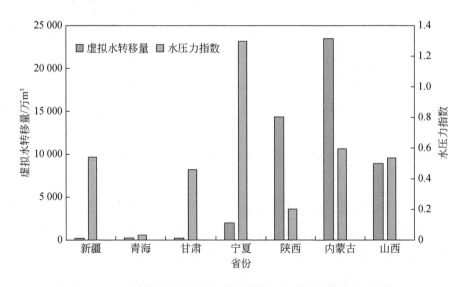

图7-3　2017年西北地区各省份虚拟水流出量及水资源压力指数

7.3.4 2030年和2050年不同情景下能源生产耗水量

图7-4显示了2030年和2050年正常用水情景下西北地区能源生产的预测耗水量。火电是2017年耗水量最大的能源，占总耗水量（15亿 m³）的62.7%。随着火力发电厂的不断建设，与其相关的总耗水量份额可能会从2017年的62.7%增加到2030年和2050年的80.0%和82.7%。就增长率而言，天然气是环境友好型能源，也是增长速度最快的能源。到2030年，天然气能源耗水量为3940万 m³，是2017年的两倍多，但仍然是耗水最低的能源。此外，与2017年相比，2030年所有能源的需水量都将增加。除天然气外，与2030年相比，2050年由于能源生产规模的缩减，煤炭、石油和火力发电的耗水量将会降低。总体而言，在2030年的正常用水情况下，能源耗水量预计将达到622亿 m³，比2017年增加155%，到2050年，其值可能降至560亿 m³。

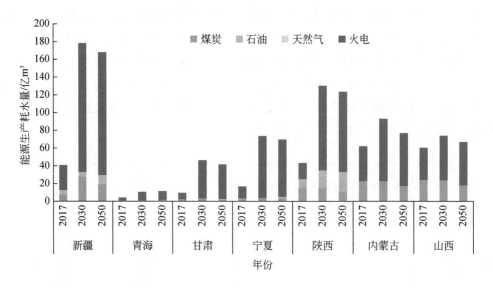

图7-4　2030年和2050年正常耗水情景下西北地区各省份能源生产耗水量

图7-5显示了节水情景下2030年和2050年能源生产的耗水量。与正常用水情景相比，节水情景下与能源耗水量将在2030年和2050年分别大幅减少44.8%（28亿 m³）和51.3%（23亿 m³）。两种情景下，火电仍是耗水量最大的能源。与常规技术相比，2030年和2050年使用节水技术进行火力发电将分别减少22亿 m³和24亿 m³的耗水量。火电耗水占总能源耗水的比例可能从2017年的62.7%变化至2030年的72.5%和2050年的65.4%。煤炭也是耗水量巨大的能源。正常耗水情景下，2030年和2050年煤炭耗水量分别为9.46亿 m³和6.973亿 m³。节水情景下，其数值分别为7.867亿 m³和

5.799 亿 m³。另外，在正常用水情景下，2050 年研究区所有省份的能源生产用水量将多于 2017 年的用水量。然而，若广泛采用节水技术，2050 年内蒙古和山西的耗水量将低于当前耗水量。

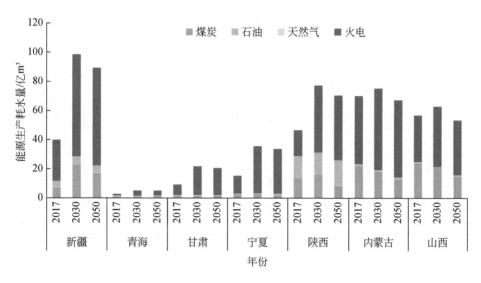

图 7-5 2030 年和 2050 年节水情景下西北地区各省份能源生产耗水量

7.3.5 能源生产对未来水资源可持续性的影响

本研究分析了未来西北地区用于能源生产的可用供水量（表 7-5）。7 个省份的可用供水量差异很大。例如，2030 年和 2050 年，新疆可以消耗 90.4 亿 m³ 的水资源，但 2017 年新疆的耗水量已经超过了用水政策允许的上限，超出量为 25.6 亿 m³。在宁夏、内蒙古和山西，尽管在政策允许范围内仍然剩余，但是由于这些地区的水资源状况不佳，尚未实施进一步的水资源开发。在青海、甘肃和陕西，水资源政策比水资源条件更受限。总体而言，在 2030 年和 2050 年，只有青海、甘肃和陕西有多余的水资源来满足该地区的用水需求，可供能源消耗的水量仅为 0.3 亿 m³、0.1 亿 m³ 和 2.8 亿 m³。因此，与正常用水情景下未来能源生产耗水量相比，无论是在 2030 年还是 2050 年，每个省份的可用水量都无法满足未来的能源耗水需求，同时，供水和需水总量之间的差异将分别达 34.8 亿 m³ 和 28.5 亿 m³。节水情景下的耗水量对比发现，2030 年，青海的能源耗水是足够的。此外，2050 年，除青海和陕西外，其他省份的能源生产将受可用水量的限制。

表7-5　7个省份的未来水资源约束与能源耗水量比较　　（单位：亿 m³）

省份	$WS_{INC-POL}$	$WS_{INC-WRC}$	Inc_{TOTAL}	Inc_{ENE}	在正常情况下增加的能源耗水		在节水情况下增加的能源耗水	
					2030 年	2050 年	2030 年	2050 年
新疆	−25.6	90.4	0	0	13.8	12.4	5.8	5.0
青海	21.7	300.6	21.7	0.3	0.8	0.8	0.3	0.3
甘肃	9.5	21.9	9.5	0.1	3.6	3.3	1.3	1.2
宁夏	21.8	−42.0	0	0	5.7	5.3	2.0	1.9
陕西	32.5	90.5	32.5	2.8	8.6	7.6	3.0	2.4
内蒙古	48.3	−48.6	0	0	2.8	1.3	0.5	−0.3
陕西	24.1	−21.5	0	0	2.7	1.0	0.6	−0.3
总量	132.3	391.3	63.7	3.2	38.0	31.7	13.5	10.2

7.3.6　西北地区水资源约束下能源开发的可行性分析

2030 年和 2050 年，在正常用水情景下，西北地区所有省份能源生产所增加的用水需求都无法满足。在节水情景下，仅能满足 2030 年青海以及 2050 年青海和陕西的耗水需求。结果表明，水资源将成为西北地区未来能源生产的关键限制。为实现水资源约束下西北地区能源生产需求，可以采用两种方法：一种是减少能源产业的需水量，另一种是增加能源产业的供水量。能源产业的需水量取决于能源生产规模和用水定额；能源产业的供水量取决于水资源的可用量和供水结构，对这些计算参数的有效调整可以满足能源产业的用水需求，这符合能源产业的发展利益。但是，这些措施也将带来不同的潜在影响，评估哪些影响可以被接受将成为西北地区能源可持续发展的基础。如表 7-6 所示，平衡能源生产的供水和需水措施的潜在影响可以概括为三个方面：环境影响、经济影响和政治影响。可用水比例占当地水资源的 40%，若超出这个比例，将对水资源的可持续性产生负面生态影响。将更多的投资用于能源生产的节水技术可视为经济影响。相比之下，减少能源生产规模，打破水资源政策，改变供水结构，不仅对西北地区的社会可持续发展产生重大影响，而且还改变了经济发展方式，这些措施可以被认为既具有政治意义又具有经济影响。

表 7-6　平衡能源生产供需水的调控措施及其潜在影响

影响因子	相关参数	调控措施	潜在影响
能源生产规模	Scale（coa）、Scale（pet）、Scale（gas）、Scale（pow）	减少能源生产规模	降低能源自给自足；减少西北地区的经济收入
能源生产耗水水平	quota（coa）、quota（pet）、quota（gas）、quota（pow）	与节水方案相比，进一步降低用水配额	加大对能源生产节水技术的投资
水资源可用性	Inc_{TOTAL}（受 WS_{AWI} 和 WS_{WRC} 控制）	突破"三条红线"，扩大取水规模	中央政府将对不遵守水资源政策的地区进行惩罚，并减少这些地区的水资源项目投资
		打破可利用水资源占总水资源40%的常规标准，加大取水规模	破坏当地水资源系统的可持续性
供水结构	Current ratio$_{2017}$	改变供水结构，让有限的水资源向能源部门倾斜	限制其他产业的发展

7.4　气候变化对水与能源的影响分析

7.4.1　气候变化对水资源的影响

政府间气候变化专门委员会（Intergovernmental Panel on Climate Change，IPCC）在第四次评估报告（AR4）中预测，21 世纪末全球平均气温将可能升高 1.1~6.4℃。在第五次评估报告（AR5）中，再次确认了气候系统的变暖，并估计到 21 世纪末温度可能升高 1.5~2℃，全球平均海平面将升高 28~97cm。全球变暖、臭氧层破坏、酸雨、水资源危机、森林锐减、土地荒漠化等全球现象已经开始威胁人类的生存。

水循环是联系地球系统"地圈-生物圈-大气圈"的纽带，水循环的变化将深刻影响地球的自然、生态环境。气候的变化，影响到降水、蒸发、径流和土壤湿度等水循环要素的时空分布，进而影响着整个水循环过程和水资源的时空分布，威胁着人类的生产生活和社会经济的可持续发展。一系列研究表明，水循环已经响应了温室气体增多和全球变化的结果，1971~2010 年全球上层海洋发生了变暖，过去 50 年太平洋地区海洋盐度增加，海面上的蒸发和降水已经出现了改变，海岸带遭受洪涝、风暴潮等自然灾害事件频繁发生并不断加剧，如何应对气候变化以及因此引发的人类生存问题已成为当今国际社会、各国政府和科学界关注的焦点。

我国地处北半球，位于亚欧大陆东部、太平洋的西岸，海陆之间的热力差异造成的季风气候特别显著。我国水资源问题十分突出，近几十年来，随着全球气候的变化，我国因自然因素和人类活动引起的气候变化不断加剧，水资源短缺、旱涝灾害以及水生态等问题日趋严重。研究表明，黄河、海河、辽河流量明显减少，其中黄河夏季及秋季多年平均观测降水减少 12%。长江上游近 10 年的河川径流总量比多年平均量减少 6.7%。珠江流域河流径流量特征值出现了变点的序列类型、时间位置、空间分布及时序变点前后的特征值变化状况。2017 年，我国因干旱造成的直接经济损失 437.88 亿元，因洪涝灾害造成的直接经济损失 2142.53 亿元。据不完全统计，我国 2000 年以来因洪涝灾害造成的直接经济损失已超过千亿元，因气候异常而引发的洪涝灾害、极端干旱所导致的经济损失有逐年上升的趋势，且极有可能对我国"南涝北旱"的格局和未来水资源分布的情况产生深远的影响。

7.4.2 气候变化对能源系统的影响

气候变化与能源供给和需求均有着显著的双向影响。在能源供给方面，化石能源的开采、加工、使用过程中排放大量的二氧化碳和其他有害气体，带来了一系列局部性和全球性环境问题。气候变化对发电电力来源的选择和电力部门的决策产生着重大的影响，大量可再生能源（风电、太阳能）发电量和发电效率与区域气候有很强的依赖性和敏感性。到 2030 年，我国非化石电力占比将达到 35%，到 2050 年，我国可再生能源中风电和太阳能发电装机将分别达到 24 亿 kW 和 27 亿 kW，由于全球气候变化带来的气温升高、水循环时空变异，间接影响了水电、风电、太阳能等资源的开发和利用。

另外，气候变化影响着工业和生活对一次能源的需求。不同行业能源需求均与温度、降水等气候因素相关，其中居民生活夏季制冷冬季采暖、工业生产制冷需求对气候变化最为敏感。受气候变化影响，夏季制冷需求增长明显，将对电网规划与电力调度运行产生突出影响。与此同时由于制冷需求的增长，也会增加制冷设备的需求量，而再次加重能源的负荷。与之相反，建筑采暖负荷则呈现降低趋势。随着气候变化问题的日益升温，能源供需矛盾加剧，能源在气候变化适应问题上已处于一个核心的位置。

改革开放以来，我国经济一直保持着较快的增长速度。能源作为推动社会发展的重要物质基础，经济的增长导致能源需求迅速增加。2010 年我国一次能源消费达到 32.5 亿 tce，能源消费总量首次超过美国，成为世界第一能源消费大国。但自然因素和人类活动引起的气候变化不断加剧，我国水资源短缺、旱涝灾害以及水生态等问题日趋严重。尤其在气候干旱、降水稀少的西部地区，日益严重的水资源短缺问题已经制约了区域经济的发展，特别是能源产业的发展。

7.5 能源基地可供水量和供水成本分析

根据我国《能源发展"十二五"规划》和《能源发展"十三五"规划》，我国重点规划并建设了山西、鄂尔多斯、蒙东、西南地区和新疆五大国家综合能源基地，并重点在东部沿海和中部部分地区发展核电，形成以"五片一带"为主体的能源开发布局框架。从能源开发类型来看，上述的五大国家综合能源基地中，除西南地区是以水电为主体兼有煤炭和火电外，山西能源基地、鄂尔多斯能源基地、蒙东能源基地和新疆能源基地均以煤炭开采加工、煤化工、火力发电、石油开发及天然气开发为主，属高用水产业。然而，山西、鄂尔多斯、蒙东和新疆均属于我国缺水乃至严重缺水地区，能源发展面临的水资源约束十分显著。因此，本研究重点围绕北方四大国家综合能源基地，分析气候变化对西北能源基地供水的影响。

供水量分析主要通过资料收集和典型调研，对研究区内的供水工程进行分类，以地表水源工程（蓄水、引水）、外调水工程、非常规水利用工程为主要类别，统计现状年的大规模供水工程的具体参数，对小规模工程按照工程类别进行统计整合。参考情景（BAU）下，不考虑区域降水的系统性变化，根据研究区域多年平均径流量（1956～2000年）计算能源基地地表水可利用量，结合区域外调水工程规划情况，确定外调水的使用规模，根据再生水相关规划确定非常规水源的可利用量。

对于气候变化背景下未来能源基地供水分析，利用适合于全国的陆面水文耦合模型（CLHMS）结合 CMIP5 典型浓度路径（representative concentration pathways, RCPs）情景，选取低排放、中等排放和高排放温室气体浓度情景，即 RCP2.6、RCP4.5 和 RCP8.5 情景研究不同情景下流域层面水资源变化情况。

7.5.1 能源基地供水成本曲线计算方法

在分析能源基地目前供水状况以及未来用水需求的基础上，对水利工程进行梳理。由于不同水源工程的成本构成不同，需要对 4 个能源基地的供水工程进行分类（如本地地表水工程、外来水源工程、再生水利用工程等）。根据供水工程类别确定工程成本构成，对于能源基地的典型工程和重大工程，需要单独计算内部成本（包括工程固定投资、折旧费用、运行与维修费用和水资源费用）和外部成本（污水处理费）；对于小型供水工程，则将同类水利措施当作一个整体，计算这类水利措施的工程成本，从而计算边际供水成本。对于已经建成的工程，需要通过实地调研，了解总的成本构成情况；对于在建和规划项目，需要通过同类供水工程类比分析，确定成本构成情况。

单位商品水成本计算公式为

$$P_{\text{water}} = \frac{Z_1 + Z_2 + Z_3 + Z_4}{W} \tag{7-5}$$

式中，P_{water} 为单位供水成本；Z_1 为固定资产折旧费；Z_2 为修理维护费；Z_3 为年运行管理费；Z_4 为水资源费和外部成本；W 为年平均供水量。

气候变化将直接影响降水量变化，降水量变化又影响了区域水资源量的变化，变化的水资源量又影响了工程供水能力。因此，气候变化对工程供水成本产生间接影响。降水增加的情景下，工程供水能力增加，间接地减少了能源行业的用水成本；降水减少的情景下，工程供水能力减少，水资源约束增强，则需要新建供水工程保证能源用水，间接增加了工程供水成本。此外，研究根据工程规划时间节点并按照基准情景下水量计算出工程供水成本。考虑气候变化的影响，设定能源工业供水保障率在95%情况下，需要提前上马的工程。量化分析这些工程建设成本、运行成本的影响，并据此计算出供水成本变化（图7-6）。

7.5.2 基准情景能源基地可供水量和供水成本分析

根据各地区水资源综合规划和实地调研，对能源行业未来可能的工程供水能力和供水量进行了分析。供水成本计算主要参考中华人民共和国水利部2013年发布的《水利建设项目经济评价规范》，本章所提及的供水规模均只针对能源行业。

蒙东能源基地基准年供水规模为13.7亿m³，根据《内蒙古自治区水资源综合规划》，区域新增供水通过新建地表水供水工程，调水工程，水权置换，污水回用、疏干水利用等途径实现，其中基地能源产业用水将主要依靠引地表水供水工程和再生水工程。随后，蒙东基地将通过中期地表水工程和长期再生水工程增加8.3亿m³供水能力，2050年区域能源行业总供水能力预计为24.3亿m³，基准情景下蒙东能源基地单位供水成本曲线如图7-7所示。

鄂尔多斯能源基地基准年供水规模为50.1亿m³。2020年后，鄂尔多斯能源基地还将通过中期、长期再生水利用工程，长期地表水工程等途径增加5.91亿m³，2050年区域能源行业总供水能力预计为115.5亿m³，基准情景下鄂尔多斯能源基地单位供水成本曲线如图7-8所示。

山西能源基地基准年供水规模为14.2亿m³，2020年后，该区域预计通过调水工程、水库工程和再生水利用工程共计增加供水能力5.9亿m³，2050年基地能源行业供水能力预计为23.1亿m³，基准情景下山西能源基地单位供水成本曲线如图7-9所示。

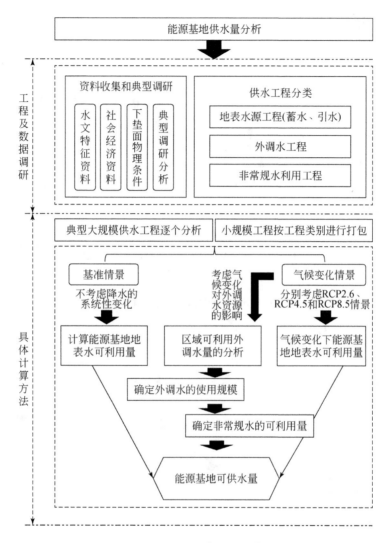

图 7-6　能源基地可供水量计算方法

新疆能源基地基准年供水规模为 11.5 亿 m^3，新增供水水源主要是通过地表水工程、跨流域调水工程和再生水利用工程，建设骨干引水工程，从伊犁河、额尔齐斯河引水，保障区域能源基地，2050 年能源行业供水能力预计为 26.8 亿 m^3，基准情景下新疆能源基地单位供水成本曲线如图 7-10 所示。

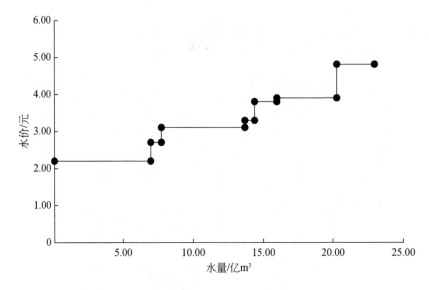

图 7-7　蒙东能源基地供水成本曲线

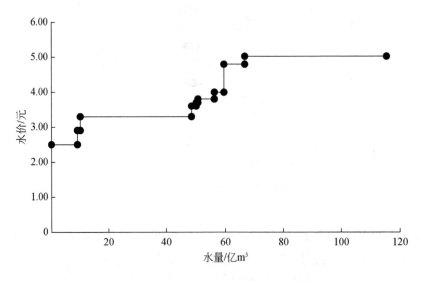

图 7-8　鄂尔多斯能源基地供水成本曲线

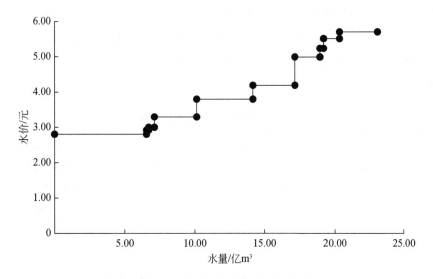

图 7-9　山西能源基地供水成本曲线

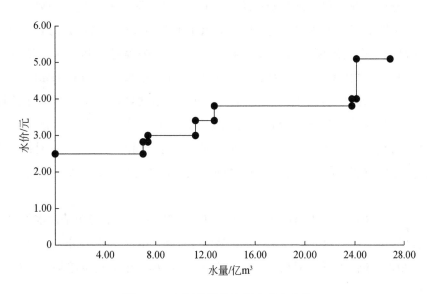

图 7-10　新疆能源基地供水成本曲线

7.6　气候变化情况下能源基地可供水量和供水成本分析

为分析气候变化背景下能源基地供水量变化，本研究利用 CLHMS 预测未来水资源变化，该模型主要是研究流域层面的水资源变化情况（表 7-7）。本研究通过对 CMIP5 中 14 个气候模式的评估结果，选取法国国家气象研究中心大气气象研究组（CNRM-GAME）

和欧洲科学计算研究与高级培训中心（CERFACS）研制开发的 CNRM-CM5 模式。该模式包括了大气模式 ARPEGE-Climat v5.2、陆面模式 SURFEX/TRIP、海洋模式 NEMO v3.2、海冰模式 GELATO v5 以及耦合器 OASIS v3，大气模式的分辨率为 1.4°，垂直方向为 31层，海洋模式分辨率为 1°。

表 7-7　综合能源基地所属流域

序号	综合能源基地	所属省份	所属流域
1	蒙东	内蒙古	海河流域、西北内陆河、松辽流域
2	鄂尔多斯	内蒙古、宁夏、陕西、甘肃	黄河流域、西北内陆河
3	山西	山西	黄河流域、海河流域
4	新疆	新疆	西北内陆河

首先用基准期气候要素的空间变化特征对模式气候预估结果进行订正，利用订正后的降水预测结果分析三种不同排放浓度路径情景下未来研究区气候变化的趋势。在气候变暖背景下，陆地水体形态产生变化，进而影响着整个水循环过程和水资源的时空分布。利用 IPCC AR5 中高分辨率气候模式 CNRM-CM5 在低排放、中等排放和高排放浓度路径情景（RCP2.5、RCP4.5 和 RCP8.5）下对 21 世纪的气候预估结果，驱动 CLHMS，对未来气候变化情景下研究区水循环的变化进行预估，不同能源基地区域的水资源分布特征差异较大，需要对各个基地进行独立的分析。将区域与流域进行空间匹配，得出气候变化条件下，能源基地的水资源数量变化情况。区域与流域进行空间匹配，主要是通过统计降尺度方法，即在局地变量和大尺度变量平均值之间建立一种统计关系，然后通过这种关系来模拟局地变化信息。

根据图 7-11，RCP2.6、RCP4.5 情景下，2020~2040 年蒙东能源基地水资源变化幅度较小，与基准情景相比，RCP2.6、RCP4.5 情景下 2050 年供水能力分别为 23.5 亿 m^3 和 20.6 亿 m^3。RCP8.5 情景下，蒙东能源基地在 2020~2045 年呈减少趋势，2050 年供水能力为 21.7 亿 m^3。

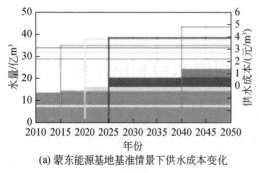

(a) 蒙东能源基地基准情景下供水成本变化

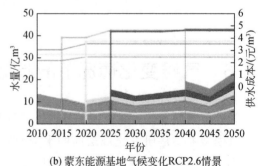

(b) 蒙东能源基地气候变化RCP2.6情景
下供水成本变化

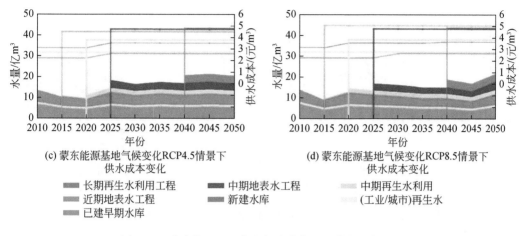

(c) 蒙东能源基地气候变化RCP4.5情景下　　　　　(d) 蒙东能源基地气候变化RCP8.5情景下
　　　　供水成本变化　　　　　　　　　　　　　　　　供水成本变化

■ 长期再生水利用工程	■ 中期地表水工程	□ 中期再生水利用
■ 近期地表水工程	■ 新建水库	□ (工业/城市)再生水
■ 已建早期水库		

图 7-11　蒙东能源基地各气候变化情景下供水成本变化

根据图 7-12，RCP2.6 情景下，未来鄂尔多斯能源基地水资源呈小幅增加趋势。2050 年供水能力为 145.7 亿 m^3。RCP4.5 情景下，模拟结果显示，2035 年后受区域水资源量变化影响基地供水能力呈减少趋势，与基准情景相比，2050 年供水能力将偏少 10.9 亿 m^3。RCP8.5 情景下，未来当地水资源呈增加趋势，然后外调水可利用量减少，2050 年供水能力为 133.7 亿 m^3。

根据图 7-13，RCP2.6 情景下，山西能源基地 2020～2030 年本地水资源呈减少趋势，2050 年供水能力为 26.9 亿 m^3。RCP4.5 情景下，2050 年供水能力为 22.9 m^3。RCP8.5 情景下，山西能源基地本地水资源量和外调水量均呈减少趋势，供水成本将有所升高，2050 年供水能力为 22.9 亿 m^3。

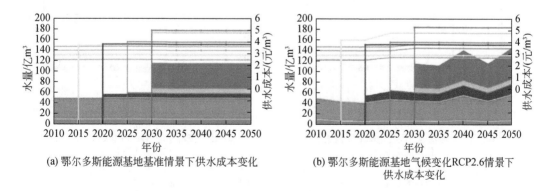

(a) 鄂尔多斯能源基地基准情景下供水成本变化　　　(b) 鄂尔多斯能源基地气候变化RCP2.6情景下
　　　　　　　　　　　　　　　　　　　　　　　　　　　　供水成本变化

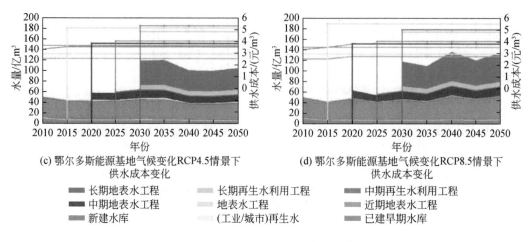

(c) 鄂尔多斯能源基地气候变化RCP4.5情景下
供水成本变化

(d) 鄂尔多斯能源基地气候变化RCP8.5情景下
供水成本变化

长期地表水工程	长期再生水利用工程	中期再生水利用工程
中期地表水工程	地表水工程	近期地表水工程
新建水库	(工业/城市)再生水	已建早期水库

图 7-12　鄂尔多斯能源基地各气候变化情景下供水成本变化

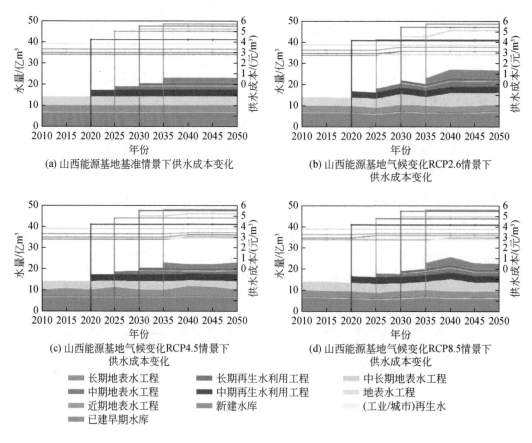

(a) 山西能源基地基准情景下供水成本变化

(b) 山西能源基地气候变化RCP2.6情景下
供水成本变化

(c) 山西能源基地气候变化RCP4.5情景下
供水成本变化

(d) 山西能源基地气候变化RCP8.5情景下
供水成本变化

长期地表水工程	长期再生水利用工程	中长期地表水工程
中期地表水工程	中期再生水利用工程	地表水工程
近期地表水工程	新建水库	(工业/城市)再生水
已建早期水库		

图 7-13　山西能源基地各气候变化情景下供水成本变化

三种气候变化情景下新疆能源基地可供水量变化趋势大体相同（图 7-14）。供水能力在 2020~2035 年基本保持稳定，RCP2.6、RCP4.5、RCP8.5 情景下新疆能源基地 2050 年供水能力分别为 32.4 亿 m³、37.8 亿 m³ 和 36.2 亿 m³。

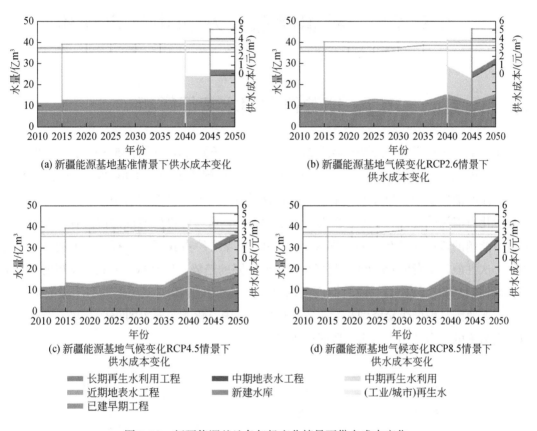

(a) 新疆能源基地基准情景下供水成本变化

(b) 新疆能源基地气候变化RCP2.6情景下
供水成本变化

(c) 新疆能源基地气候变化RCP4.5情景下
供水成本变化

(d) 新疆能源基地气候变化RCP8.5情景下
供水成本变化

图 7-14 新疆能源基地各气候变化情景下供水成本变化

第8章 我国能源开发利用耗水评价

8.1 能源行业用水特征解析

中国能源生产总量从 2005 年的 21.62 亿 tce 增长到 2017 年的 35.85 亿 tce，增长了 65.8%；能源消费量从 2005 年的 23.60 亿 tce 增长到 2017 年的 44.85 亿 tce，增长了 90%，能源消费量一直超过能源生产量。而我国能源生产与消费结构中，煤炭、石油、天然气等化石能源始终占到能源消费总量的绝大部分，虽然可再生能源的占比有所上升，但对化石能源的依赖并没有减弱（图 8-1）。2017 年煤炭约占我国煤、石油、天然气、新能源等一次性能源消费的 65.2%，虽然呈现逐渐下降的趋势，但是从资源禀赋及当前和未来技术条件判断，在较长的一段时期内我国高度依赖煤炭资源的能源格局将不会有明显改变。主要原因是中国煤炭资源相对丰富，煤炭占中国石化能源储量的 96%；再一个原因是以火电为主的电力结构，未来一段时间难以改变。

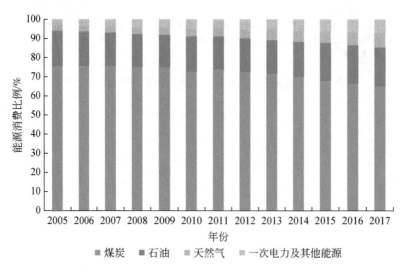

图 8-1　全国一次能源结构变化趋势

8.1.1 煤炭能源产业

1. 采选煤用水

煤炭是我国的主体能源,长期占一次能源消费的 50%~60%。但煤炭开发利用水资源需求巨大,已成为制约相关产业发展的主要瓶颈。特别是内蒙古、陕西、宁夏、新疆等地区,目前煤炭产量已占全国的 50% 以上,但水资源占全国的比例远远低于煤炭,水资源与煤炭资源的逆向分布严重制约该地区经济社会发展,同时非煤炭主产区布局了大量的燃煤电厂,也给当地水资源带来压力。煤炭开采过程中,井下抑尘、机泵冷却等都需要耗水。根据各省份煤炭生产用水定额,其平均水耗在 $0.5m^3/tce$ 左右。但更重要的是,煤炭开采会破坏地下含水层并产生大量矿井水,而相当一部分矿井水外排损失。据统计,目前我国煤炭开采平均产生矿井水 $2.0m^3/tce$ 左右,产生的矿井水被视为井下危险源,通常外排地表。由于地面无处存水,除少量在井下和矿井周边就近回用外,大部分外排蒸发损失。煤炭洗选有利于提高煤炭供给的洁净度,提高燃煤效率和降低排放。2019 年公布的《煤炭行业发展年度报告》显示,我国原煤入选率为 66%,大型洗煤厂基本实现水闭路循环利用。根据行业标准《选煤厂洗水闭路循环》(MT/T 810—1999),闭路循环洗煤厂吨煤洗选水耗应在 $0.25m^3/tce$ 以内。估算 2017 年我国采煤、洗煤用水量分别为 16.6 亿 m^3、5.7 亿 m^3。

2. 煤化工用水

煤化工产业是以煤炭为原料,经化学加工转化成气体、液体和固体,并进一步加工成一系列化工产品的工业过程,对能源、水资源的消耗较大。煤化工产业可分为传统煤化工和现代煤化工。

煤化工工艺中主要用水项目有反应用水、用于冷凝的冷却水、用于加热的水蒸气用水、洗涤用水、生活用水等。例如,煤制天然气主要有备煤、气化、净化、甲烷化、空气分离、公用工程几个部分。用水较大的是气化部分的洗煤、空气分离、公用工程的热电站几部分,公用工程中的气化、空气分离、净化、热电循环水站的装置需要用到冷却水。

煤化工行业主要消耗的资源是煤炭和水,属高耗水产业(表 8-1)。有关资料显示,生产 1t 甲醇耗水约 $15m^3$,直接液化吨油耗水约 $7m^3$,间接液化吨油耗水约 $9m^3$。20 亿 m^3/a 的煤制天然气项目耗水量高达 2500 万 t/a。

表 8-1 主要煤化工产品耗水量

产品名称	煤制甲醇	煤制二甲醚	煤制烯烃	直接液化	间接液化	煤制气/$(10^9 m^3/a)$	煤制乙二醇
规模/$(10^6 t/a)$	1.0	1.0	0.6	1.0	1.0	0.2	0.2
耗水量/$10^6 m^3$	15.0	21.3	27	6.6	9.0	13.2	2.8

目前我国煤化以煤制气、煤制油、煤制烯烃、煤制乙二醇等为重点发展方向，煤制气平均用水效率为 $8.4 m^3/t$，根据《煤炭深加工产业示范"十三五"规划》和《现代煤化工产业创新发展布局方案》，煤制气用水效率要低于 $6 m^3/t$，未来示范项目中，而国际先进值为 $5.5 m^3/t$；煤制油平均用水效率为 $7 \sim 13 m^3/t$，未来示范项目中，煤制油用水效率要低于 $7.5 m^3/t$，而国际先进值为 $6 m^3/t$；煤制烯烃用水效率为 $24 \sim 32 m^3/t$，未来示范项目中，煤制烯烃用水效率要低于 $16 m^3/t$；煤制乙二醇用水效率为 $25 m^3/t$，未来示范项目中，煤制乙二醇用水效率要低于 $10 m^3/t$。2017 年我国用于煤化工的水量约为 7.21 亿 m^3。

8.1.2 石油天然气产业

根据 2017 年全国石油天然气资源勘查开采情况通报，截至 2017 年底，全国累计石油探明地质储量 389.65 亿 t，剩余技术可采储量 35.42 亿 t，剩余经济可采储量 25.33 亿 t；全国累计探明天然气地质储量 14.22 万亿 m^3，剩余技术可采储量 5.52 万亿 m^3，剩余经济可采储量 3.91 万亿 m^3。在全国已探明储量超过 100 亿 t 的 26 个煤田中，黄河流域有 11 个，主要分布在胜利、中原、长庆和延长 4 个油区。

油气田开采行业中钻井、洗井、压裂、注水等活动均需用水，其中注水工作用水最多且对水质要求较高。根据上述地区原油（或天然气）的实际生产量以及各地的用水定额标准，黑龙江采油用水定额为 $8 m^3/t$，陕西采油用水定额为 $4 m^3/t$，新疆采油用水定额为 $1.05 m^3/t$。陕西天然气开采用水定额为 $0.002 m^3/m^3$，四川天然气开采用水定额为 $0.003 m^3/m^3$。2017 年我国石油开采量为 1.92 亿 t，天然气开采量为 1330.07 亿 m^3，估计 2017 年国内油气开采用水量为 11.67 亿 m^3。

8.1.3 电力与热力产业

我国电力结构不断完善，已发展成为火、水、核、风其他多种电源相互配合的多元结构。根据 2005 ~ 2017 年《中国电力统计年鉴》（图 8-2），我国总发电量从 2005 年的 24 747 亿 kW·增长到 2014 年的 64 171 亿 kW·h，年增长率接近 11.2%。火力发电仍是我国主要的发电方式（约占70.1%），但由于我国要求大力发展清洁能源，水能、核能、风能、太阳能等发电方式的比例逐渐增加。2005～2011年火力发电占总发电量的81%以上，2012年之后，火力发电比例下降到79%。水力发电稳步增加，从2005年的3952亿kW·h增加到2017年的11 931亿kW·h，占总发电量的18.6%。核电作为一种安全、高效的清洁能源，在我国稳定增加，约占总发电量的3.9%。近年来风力发电发展迅速，从2005年仅有的15亿kW·h增加到2017年的3034亿kW·h，其发电量已超过核能发电。

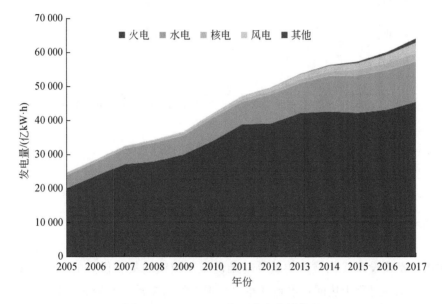

图 8-2　2005～2017年国家发电量情况

　　分析不同电源发电过程中用水情况，发现燃煤火力发电过程的耗水量是受当地的发电技术、经济、政策等因素影响而变化的，部分地区行业用水准入值已经明显低于全国平均值，如山西、陕西等地火电的取水定额标准小于全国标准。根据关于单位发电量的文献调研，并参考各个省份的现状用水定额，估算各省份电力生产的水资源消耗。从2005～2017年的电力生产结构可以看出，燃煤火力发电仍然是电力生产的支柱，水电增长最快，其次是风电、核电。太阳能和生物质发电由于其技术不完善等因素，还没有大规模发展。2017年电力生产过程中耗水量为120亿 m^3，比2005年增长了1.12倍，主要是火电、水电和核电消耗水量。在电力生产过程中所消耗的水资源分析中（图8-3），发现电力生产中的水资源消耗呈现明显的增长趋势，且主要是燃煤火力发电过程水资源增长的结果，火力发电耗水量约占75%。电力生产耗水量在工业耗水量中的比例由2005年的21%增长到2017年的40%，这说明我国发展以火电为主的电力生产结构，对水资源的依赖性逐渐加大。

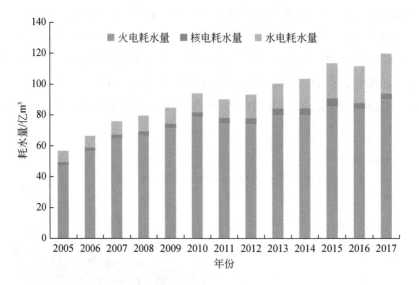

图 8-3 不同电源发电过程的耗水情况

8.1.4 供热用水分析

集中供热是建设现代化城市的重要基础设施，城镇的集中供热的热量主要来自热电厂，在供应热水的过程中热网补水和对外供气用水都需要消耗水资源。2017 年我国城市、县城的热水、蒸汽集中供热量为 53 亿 GJ，以北方省份供热用水定额为参考，以 0.5m³/GJ 为单位热量取水量，估算 2017 年供热用水量为 26.5 亿 m³。

8.1.5 能源产业用水量分析

水作为能源生产的输入要素，也是能源生产的一种限制性因素。2017 年我国能源产业生产用水量约为 639.3 亿 m³（表 8-2），约占全国用水总量的 10.6%，其中火力发电用水量占能源产业用水量的 89%。所以能源生产方面的决策必须考虑到水资源的限制，以及其他部门对水的需求，包括农业、城市、工业以及维持健康的生态系统所需的水。2005 年我国电力生产 24 747 亿 kW·h，2017 年增长到 61 424.9 亿 kW·h，增加 1.5 倍，其耗水量增加 80%，说明技术改进能够带来节水效果。

表 8-2 2017 年能源生产用水情况

能源类型		水足迹	用水总量
煤炭能源产业	采煤	0.47m³/t	16.6 亿 m³
	洗煤	0.27m³/t	5.7 亿 m³
	煤化工	7~32m³/t	7.21 亿 m³
石油天然气产业	石油	5.3m³/t	10.18 亿 m³
	天然气	0.003m³/m³	3.99 亿 m³
电力与热力产业	火电	1.02~3.38L/(kW·h)	568 亿 m³
	核电	0.1L/(kW·h)	0.25 亿 m³
	光伏发电	0.18L/(kW·h)	0.21 亿 m³
	供热	0.5m³/GJ	26.5 亿 m³
可再生能源产业	生物质能发电	1.8~2.5L/(kW·h)	0.7 亿 m³

8.2 西电东送工程中的虚拟水流动

8.2.1 西电东送工程基本情况

我国能源分布极不均匀,煤炭资源主要分布在西部和北部地区,其中69%的煤炭资源集中在山西、陕西和内蒙古西部;水能资源的77%分布在西南和西北地区。而电力消费区主要集中在经济较发达的东部沿海地区,但该区域能源资源匮乏。为了减轻中、东部沿海地区的环境压力和减少煤炭运输压力,20 世纪 80 年代,中国开展了实施西电东送工程的有关准备工作。2000 年中国正式启动西电东送工程,将东北部、西北部、西南部煤炭、水资源转化成电力资源,输送到电力紧缺的东部沿海地区。

西电东送工程主要包括北、中、南三大通道。北部通道的建设主要集中在华北和西北两大地区。北部通道的主要任务是将内蒙古西部、山西、陕西的煤电基地和黄河上游的公伯峡、拉西瓦等水电站的电力送往京津唐负荷中心。中部通道沿长江而下,把长江流域数千万千瓦的电力送往华中、华东和福建、广东。南部通道是以开发云南、贵州、广西的水电为主,以开发贵州等地火电为补充,向广东等东部用电负荷中心送电。

到 2017 年,全国西电东送输电能力已达到 22 911 万 kW,北部、中部和南部通道分别达到 7966 万 kW、10 663 万 kW、4282 万 kW,累计向东中部输送电量约 6.6 万亿 kW·h。依托特高压技术已建成西电东送工程 19 项,输电能力达到 13 360 万 kW,累计输送电量约 1.2 万亿 kW·h。

2018 年国家能源局发布了《关于加快推进一批输变电重点工程规划建设工作的通知》，还将推进多项输变电工程。预计到 2030 年，国家电网西电东送规模将达 4.7 亿 kW。

8.2.2　中国跨省、跨区输电情况

近年来，随着电力需求的不断增加，中国电力建设稳步发展，2017 年总发电量 6.50 万亿 kW·h，其中火电 4.66 万亿 kW·h，水电 1.19 万亿 kW·h，核电 2480 亿 kW·h，风电 3057 亿 kW·h。与 2008 年相比，全国电力基础设施发展迅速，总发电量增长了 88%，其中火力发电量增长了 66%，水电、核电和风电等清洁能源的发展更快，分别增长了 1.1 倍、2.6 倍和 21.6 倍。

我国电力产能和电力需求持续增长，但增长的速度却不均衡。发电增长根据不同区域电力需求的高低和发电资源的丰富程度呈现出较强的区域性。分地区来看，西南和西北能源资源丰富的地区发电量增长最多，10 年间分别增长了 120% 和 190%，华北、华东和华南等电力主要消费区的电力增长比较平稳，发电量分别增长了 83%、74% 和 74%。而东北和华中地区发电量增长较少，十年间仅增长了 57% 和 49%。

随着西电东送工程的陆续实施，西电东送输电能力已从 20 世纪 90 年代末的 400 万 kW 增长至 2017 年的 2.29 亿 kW，北部、中部和南部通道分别达到 7966 万 kW、10 663 万 kW、4282 万 kW，累计向东中部输送电量约 6.6 万亿 kW·h。与此同时，中国跨省电力交易量持续增长。如图 8-4 所示，2017 年中国跨省输电量为 11 299 亿 kW·h，与 2008 年相比跨省输电量增长了 1.5 倍。

2008 年，湖北、内蒙古、山西、贵州是主要电力输出区。其中湖北主要为三峡电站输送的水电，湖北外送电力为 769 亿 kW·h，占全国外送电力的 17%。内蒙古和山西则以火电为主，两省（自治区）输出电量分别为 846 亿 kW·h 和 485 亿 kW·h，占全国外送电力的 19% 和 11%；贵州输出电力为火电和水电的混合，年输出电力 365 亿 kW·h，占全国外送电力的 8%。电力的调入区域以东部经济发达的省份为主，其中广东、河北、北京、江苏、湖南和辽宁的输入电量均超过 300 亿 kW·h。广东的输入电量最大，达 927 亿 kW·h，占全国跨省调入电量总量的 20%。

2017 年，随着西电东送工程的建设，更多的电力从西部地区调出，内蒙古依旧是电力调出量最大的省份，年调出电量 1546 亿 kW·h，占全国调出电量的 14%，是 2008 年的 1.8 倍。云南、四川的调出电力增加迅猛，均占全国调出电量的 13%，超过了湖北、陕西和贵州等省。广东仍是电力输入的最大省份，电力调入量 3060 亿 kW·h，是 2008 年的 3.3 倍。河北、浙江、江苏三省的电力调入量均超过 1000 亿 kW·h。

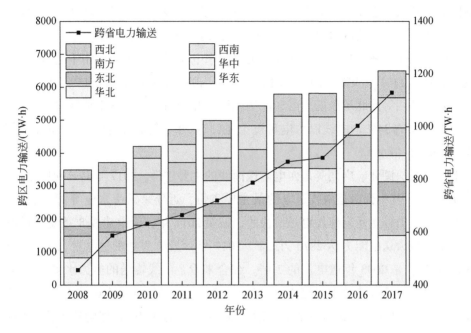

图 8-4 2008～2017 年中国跨省、跨区输电情况

8.2.3 西电东送工程水足迹

《电力工业统计资料汇编》数据显示，2008 年，中国西部共计向东部地区输送电力 2281 亿 kW·h，其中北、中、南部通道分别输送了 863 亿 kW·h、504 亿 kW·h 和 914 亿 kW·h。北部通道主要是由山西、内蒙古、辽宁等地向北京、天津、河北供电，山西和内蒙古送出的电力分别占北线的 71% 和 22%。此部分电力以火电为主，水足迹约为 1.7 亿 m^3。

中部通道主要是将湖北的水电输送至上海、江苏和江西等地，送电量占中线的 85%。中部通道向华中地区输送的水足迹约为 3.2 亿 m^3。南线主要是将贵州、云南、广西和湖北四省（自治区）的电力输送到广东，这部分工程为水电火电混合，水足迹约为 4.5 亿 m^3。2008 年西电东送工程累计从西部地区向东部输送了 9.4 亿 m^3 虚拟水。在电力传输的过程中，线损约为 2.6%，由于电力的损失，损失的水足迹约为 $2.92 \times 10^7 m^3$。

随着多项特高压工程的实施，西电东送输电能力成倍增长。2017 年，北、中、南三线共计向东部输送电力 6825 亿 kW·h。北线共计向华北地区输送电力 2409 亿 kW·h，是 2008 年输送电量增的 2.8 倍。内蒙古是外送的主要省份，占比为 38%。山西、辽宁、宁夏和陕西外送电量增加明显，其中山西外送电量达 675 亿 kW·h，是 2008 年的 3.6 倍。

西北地区风电和太阳能发电快速发展，西电东送能源结构上产生了一些变化，北线清洁能源的比例大幅增加。北线的水足迹为2.7亿m³，是2008年的1.6倍。

随着西电东送中线工程的逐步建成，更多的水电从四川、湖北向华中地区输送，两省外送电量分别达1101亿kW·h和393亿kW·h，占中线送电总量的47%和17%。此外，新疆、宁夏、陕西等西北地区的火电和清洁能源也开始向西南和华中地区输送，西北地区送出电量占中线的34%。中线以水电足迹为主，达10.2亿m³，总水足迹为11.2亿m³，是2008年的3.5倍。

云南、贵州、湖北、广西等是西电东送南线的主要省份，2017年共计向广东输送电力2065亿kW·h。其中云南是南线送电的最主要省份，近年来云南水电等清洁能源发展迅速，西电东送电力外送通道建设也是最快的，截至2017年，云南建成8条支流送电通道，电网西电东送最大送电能力达2870万kW。2017年，云南西电东送电量1250亿kW·h，占南线的60%，是2008年送电量的7倍。综合来看，南线输送的电力水电约占82.5%，水足迹12.4亿m³，区域总水足迹12.8亿m³。2017年三条线路输送的虚拟水共计24亿m³，是2008年的2.7倍。2017年西电东送平均线损约为3.7%，伴随输电损失的虚拟水达9830万m³。单位虚拟水损失从2008年的128GWm³/h增加到2017年的144GWm³/h。

8.2.4　未来水足迹变化预测

由于社会发展的需要和人们生活水平的提高，未来一段时间内中国的能源消费仍将持续增长，东部地区由于能源资源的限制，仍需大力发展西电东送工程。为计算未来西电东送的水足迹，本研究参考了主要的能源规划和用水效率的研究。据周孝信等（2014）预测，2030年西部地区40%的电量将输送至东部，西电东送电力容量将达到4.41亿kW，输电量将达到1.989万亿kW·h。《能源生产和消费革命战略（2016—2030）》指出，到2030年，中国非化石能源发电量占全部发电量的比例力争达50%。2021~2030年，中国的可再生能源利用将持续增长，高碳化石能源利用大幅减少。

根据清洁能源发展政策，本研究定义三种能源增长情景，分别为清洁能源低发展（低清洁）、中等发展（中等清洁）、高发展（高清洁）情景，如表8-3所示，在低、中、高清洁能源增长情景下，风能和太阳能占总发电量的比例分别为12%、24%和36%。假设三种清洁能源增长情景下年输电总量相同。

表8-3　2030年西电东送工程能源结构情景预测　　　　（单位:%）

情景	火电	水电	风电	太阳能发电
低清洁	60	28	7	5
中等清洁	48	28	14	10

情景	火电	水电	风电	太阳能发电
高清洁	36	28	21	15

水电主要为蓄水水库区域的蒸发水量,风电和太阳能发电设备在运行中的耗水量主要为设备清洗耗水,因此 2030 年单位水足迹仍采用现状用水情况。考虑到技术的更新和节水技术的应用,未来新增的火电项目单位发电耗水量将选取最先进值。

清洁能源低发展情景中,火电是西电东送输出的主要能源,西部地区向东部地区火电输出的总量达 1.193 万亿 kW·h,西北地区是火电能源的主要富集区,在这种情景下,北线和中线输出的火电水足迹达 12 亿 m³。在清洁能源中等发展和高发展情景下,火电的输送量分别相当于低清洁情景的 80% 和 60%,两种情景的水足迹分别为 10 亿 m³ 和 8 亿 m³。考虑到中国目前规划的水电工程,三种情景对 2030 年水电输出的电量均占 28%,约为 5569 亿 kW·h,水电输出主要集中在西南地区,水足迹达 35 亿 m³,是 2017 年的 1.8 倍。

由于三种方案假设的水电输电量相等,总水足迹的差异主要来自火电的输电量,在以火电为主要输出类型的低清洁情景中,总水足迹最大,达 47 亿 m³,是 2017 年水足迹的 1 倍。由于风电和太阳能发电的单位水足迹很小,清洁能源高发展方案总水足迹为 44 亿 m³,与低清洁情景相比节水 6%。以 2017 年线损 3.7% 估计未来西电东送电力传输的水损失为 1.81 亿~1.92 亿 m³,将是目前水损失的 2 倍(图 8-5)。

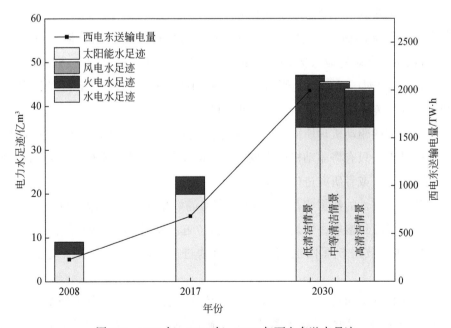

图 8-5 2008 年、2017 年、2030 年西电东送水足迹

第9章 水-能源-经济社会耦合模型 ——WEGE 模型

9.1 CGE 模型基本原理

可计算一般均衡模型（computable general equilibrium model，CGE 模型）是国际上流行的经济学和公共政策定量分析的一个主要工具（秦长海，2013）。CGE 模型可以利用政策和经济活动来研究国民经济中的各个部分，各个核算账户之间的相互关系，能够定量模拟政策变化对国民经济的直接影响和间接影响（李昌彦等，2014）。自 1960 年约翰森提出 CGE 模型，CGE 模型主要应用于经济模型中，但是 CGE 模型能够利用有限的数据进行模拟和预测，因此它在国民经济、贸易、环境、财政税收、公共政策方面应用非常广泛。一个经典的 CGE 模型主要是利用一套数学方程来描述经济活市场中各种供给、需求关系，而不同部门、不同账户需要在一系列优化条件的约束下达到供需均衡。构建与应用 CGE 模型一般分为五个步骤（细江敦弘，2014）。

第一，要对详细的研究问题所需要的可能数据进行分析。CGE 模型可以分析税收（杨岚等，2009）、劳动就业（刘丽婷，2012）、环境政策（王灿等，2005）、贸易方式（李雪松，2000）等对国民经济的影响，根据不同的目标，CGE 模型可以具有相应的功能，所以需要对研究内容加以分析，收集相关的资料。

第二，对模型的驱动机理所需要的经济理论进行正确描述。CGE 模型的驱动机理是模型正确运行的基础，只有将驱动机理用数学公式正确表达，才能实现生产者利益最优，或者消费者利益最优，或者研究进口收益等。

第三，建立一致性的数据集。虽然 CGE 模型的数据主要来自国家投入产出表、国家经济年鉴、国家税务年鉴等，但是在此基础上建立起来的社会核算矩阵（social accounting matrix，SAM）由于数据来源不同，需要将 SAM 表进行处理，使各个账户达到收入和支出平衡。

第四，确定具有不同功能 CGE 模型中各类参数。在建立数据一致的 SAM 表的基础上，需要确定 CGE 模型中各种数学函数形式，来正确地描述 CGE 模型的经济关系，并确定模型设定和外生弹性值，构成 CGE 模型的基本框架。在基本情景下，需要对 CGE 模型进行敏感性分析，以确保模型各个参数选取正确。

第五，对 CGE 模型模拟不同情景下的结果进行科学解释。通过设定不同情景条件下的参数值，CGE 模型将输出居民效用值、国内生产总值、商品总产量等经济数据，通过比较分析不同政策对国民经济的影响。

WEGE 模型是以一般均衡理论为基础，通过改良标准 CGE 模型，构建一套完整的数学方法，建立用于水与能源政策评估的居民效益最优的分析框架，其表现形式如图 9-1 所示。居民和企业是经济活动的主要消费者和生产者，他们的出发点完全不同，其中居民是以效用最大化作为目标，希望用最少的钱取得最大的效用；而企业则是以利益最大化为目标，根据投入与产出来制定生产决策。在这个前提下，需要进行价格调节，使得在商品市场经济活动中的供需均达到均衡。

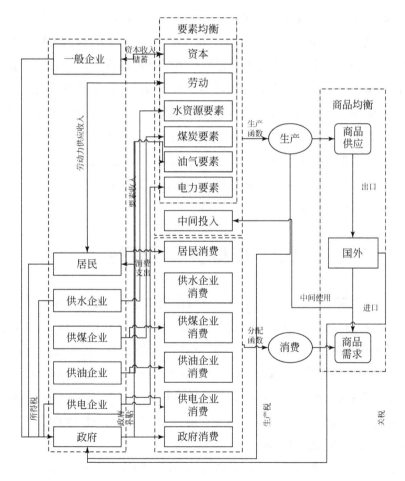

图 9-1　WEGE 模型原理示意

为模拟水与能源宏观政策对国民经济的影响，本章将煤炭、油气、电力等能源与水资源作为要素输入 WEGE 模型中，并将经济主体划分为居民、供水企业、供煤企业、供油企业、供电企业、一般企业、政府和国外八个部门。在图 9-1 中，居民为企业生产提供劳动力，同时向企业获取相应的报酬；居民通过劳动获取报酬，需要向政府缴纳个人所得税，而政府也可以通过补贴的方式向居民进行转移支付；此外，居民也是商品市场中的商品需求者。供煤、供油、供电、供水企业的支出主要是用于要素生产过程中，对劳动、资本、水资源、煤炭、油气、电力要素支出、中间产品的投入支出，以及向政府缴纳税款；各类企业不仅能够通过要素获取收入，而且通过企业资本增值获得收入，以及由于企业供应要素具有公益性，能够获取政府的部分转移支付。本章中的一般企业是指除了供煤企业、供油企业、供电企业和供水企业以外的所有企业，本章假定这些企业的收入与支出相等，其利润率为零。政府主要通过收缴税款来增加收入，包括居民的个人所得税、企业的生产税以及国外进出口贸易的关税等；而政府的支出主要是用于在市场经济中对各类商品的消费，以及对居民、公益性强的企业进行补贴。国外活动通过进出口活动与企业发生贸易行为，包括居民的境外购买活动，企业与国外的进出口活动等。在经济活动中，存在储蓄这一种经济性，当居民、企业或者政府的收入大于支出时，会将多出的部分以储蓄的形式转化为投资。CGE 模型中考虑了商品和要素的市场均衡，以及不同生产部门的收支平衡；在此基础上，WEGE 模型不仅考虑了劳动、资本、煤炭、油气、电力、水资源要素的均衡，还考虑了供煤、供油、供电和供水企业的收支均衡，通过煤炭、油气、电力、水资源、劳动、资本要素的总供给与总需求实现总体均衡。

9.2 模型参数和变量

建立社会经济数据集，需要对三个方面进行衡量和考察，分别是数据的细化程度、数据集是否与国家投入产出表一致，以及数据集的时效性。由于 CGE 模型的功能目标不同，其 SAM 表中的账户也不相同，需要在国家投入产出表的基础上，将生产部门进行细分或合并，突出 CGE 模型的功能。在确定数据集的生产账户后，需要根据标准国民收入账户，对投入产出核算结果进行调节，使得两者相一致（Holst and Mensbrugghe，2009）。为能够描述和刻画社会经济最新发展的程度，需要查询和收集最新的经济数据。

（1）WEGE 模型中的部门划分

现行的《国民经济行业分类》（GB/T 4754—2017）将农业划分为第一产业，工业划分为第二产业，服务业划分为第三产业。与现行的《国民经济行业分类》不同，投入产出表的分类是以产品为对象，将具有相同属性的若干种产品部门统一到一个部分，对产品部分进行分类。2017 年中国投入产出表将整个国民经济划分为 42 个产品部门，并参考新的国民经济行业分类标准，细化为 149 个产品部门。本章主要分析水资源、电力资源对国民经济的影响，所以对 42 个产品根据研究目标进一步细分，划分为 16 个行业。

（2）WEGE 模型中的生产要素分类

标准的 CGE 模型的生产要素主要包括劳动、资本，本章为了分析能源、水资源在国民经济中各个生产部门的影响，在要素账户中增添了煤炭要素、油气要素、电力要素和水资源要素，要素账户中共包含了 6 个要素种类。

（3）WEGE 模型中不同的经济主体

在标准的 CGE 模型中，SAM 表中的经济主体包括居民、企业、政府和国外（区外）等。为了与要素账户相对应，WEGE 模型在标准的 CGE 模型的基础上，增加了供煤企业、供油企业、供电企业和供水企业经济主体。

（4）WEGE 模型中参数变量表示

模型中所有的参数变量可以分为三类：第一类变量为价格指数，模型中的价格通常被看作价格指数，而不是具体的货币价格，本研究中将基础价格设为 1，如要素价格、合成商品的价格和生产者价格等初始化后，其他价格可由基础价格通过税、补贴贸易差价以及其他相关变化设定的调整而得到，如国内出口价格等于世界出口价格乘以汇率等。第二类变量可由基准 SAM 获得，因为基准 SAM 是由价值量来表示的，所以这些价值量必须除以一个适当的价格变量以将其标准化。第三类变量则是利用公式或者模型方程，在上述两类变量基础上计算而得到。而根据模型的设计，我们可以实现给定模型中相关参数和外生变量的区属，模型设计的参数及变量见表 9-1 ~ 表 9-3。

表 9-1　WEGE 模型中内生变量

变量	变量含义	变量	变量含义
QA_j	第 j 部门生产的商品数量	TYO	油气企业的油气要素收入
$INTA_j$	第 j 部门对中间投入的需求	TYC	煤炭企业的煤炭要素收入
F_j	第 j 部门对资本-劳动-水资源-能源要素的需求	TYL	居民的劳动总收入
FKC_j	第 j 部门对能源-水资源-资本要素的需求	TYK	资本总收入
FW_j	第 j 部门对能源-水资源组合要素的需求	Tdh	居民所得税
FE_j	第 j 部门对化石-电力组合要素的需求	Tde	企业所得税
FC_j	第 j 部门对煤炭-油气组合要素的需求	Tw	供水企业所得税
PA_j	第 j 部门生产商品的价格	Te	供电企业所得税
$pinta_j$	第 j 部门的中间产品使用价格	To	供油企业所得税
pf_j	第 j 部门的资本-劳动-水资源-能源要素价格	Tc	供煤企业所得税
$pfkc_j$	第 j 部门的能源-水资源-资本要素价格	Tz_j	第 j 商品生产税

变量	变量含义	变量	变量含义
pfw_j	第 j 部门的能源–水资源组合要素价格	Ta_j	第 j 生产活动生产税
pfe_j	第 j 部门的化石–电力组合要素价格	T_g	政府总收入
Pfc_j	第 j 部门的煤炭–油气组合要素价格	Xp_i	居民对第 i 类商品的需求量
KO	供油企业对资本要素的需求量	XW_i	供水企业对第 i 类商品的需求
LO	供油企业对劳动要素的需求量	XE_i	供电企业对第 i 类商品的需求
WO	供油企业对水资源要素的需求量	XO_i	供油企业对第 i 类商品的需求
EO	供油企业对电力要素的需求量	XC_i	供煤企业对第 i 类商品的需求
OO	供油企业对油气要素的需求量	YL_j	从第 j 部门获得的劳动要素收入
CO	供油企业对煤炭要素的需求量	YK_j	从第 j 部门获得的资本要素收入
KC	供煤企业对资本要素的需求量	YW_j	从第 j 部门获得的水资源要素收入
LC	供煤企业对劳动要素的需求量	YE_j	从第 j 部门获得的电力要素收入
WC	供煤企业对水资源要素的需求量	YO_j	从第 j 部门获得的油气要素收入
EC	供煤企业对电力要素的需求量	YC_j	从第 j 部门获得的煤炭要素收入
OC	供煤企业对油气要素的需求量	YKW	从供水企业获得的资本收入
CC	供煤企业对煤炭要素的需求量	YLW	从供水企业获得的劳动收入
KW	供水企业对资本要素的需求量	YWW	从供水企业获得的水资源要素收入
LW	供水企业对劳动要素的需求量	YEW	从供水企业获得的电力要素收入
WW	供水企业对水资源要素的需求量	YOW	从供水企业获得的油气要素收入
EW	供水企业对电力要素的需求量	YCW	从供水企业获得的煤炭要素收入
OW	供水企业对油气要素的需求量	YKE	从供电企业获得的资本收入
CW	供水企业对煤炭要素的需求量	YLE	从供电企业获得的劳动收入
KE	供电企业对资本要素的需求量	YWE	从供电企业获得的水资源要素收入
LE	供电企业对劳动要素的需求量	YEE	从供电企业获得的电力要素收入
WE	供电企业对水资源要素的需求量	YOE	从供电企业获得的油气要素收入
EE	供电企业对电力要素的需求量	YCE	从供电企业获得的煤炭要素收入
OE	供电企业对油气要素的需求量	YKO	从供油企业获得的资本收入
CE	供电企业对煤炭要素的需求量	YLO	从供油企业获得的劳动收入
K_i	第 i 类商品资本需求量	YWO	从供油企业获得的水资源要素收入
L_i	第 i 类商品劳动需求量	YEO	从供油企业获得的电力要素收入
W_i	第 i 类商品水资源需求量	YOO	从供油企业获得的油气要素收入
E_i	第 i 类商品电力需求量	YCO	从供油企业获得的煤炭要素收入
O_i	第 i 类商品油气需求量	YKC	从供煤企业获得的资本收入

续表

变量	变量含义	变量	变量含义
C_i	第 i 类商品煤炭需求量	YLC	从供煤企业获得的劳动收入
$X_{i,j}$	第 j 部门第 i 类商品中间投入量	YWC	从供煤企业获得的水资源要素收入
Z_i	第 i 类商品的产出	YEC	从供煤企业获得的电力要素收入
pz_j	第 i 类商品生产价格	YOC	从供煤企业获得的油气要素收入
pq_i	阿明顿组合商品价格	YCC	从供煤企业获得的煤炭要素收入
Xg_i	政府对第 i 类商品的消费	TL	劳动总供给
Xv_i	第 i 类商品资本形成	TK	资本总供给
Xm_i	国外对第 i 类商品的消费	TW	水资源总供给
Tm_j	第 j 商品进口关税	TE	电力总供给
COR	居民在国外的消费	TO	油气总供给
Sp	居民储蓄	TC	煤炭总供给
Q_i	第 i 类阿明顿组合商品数量	Sg	政府储蓄
M_i	第 i 类商品的进口量	Sn	企业储蓄
D_i	第 i 类商品的国内产出量	Sw	供水企业储蓄
EX_i	第 i 类商品的出口量	Se	供电企业储蓄
px_i	生产活动产出的商品 i 的价格	So	供油企业储蓄
pq_i	国内市场商品 i 的价格	Sc	供煤企业储蓄
pm_i	进口商品 i 的价格	DEPR	投资储蓄
pe_i	国内生产商品 i 的出口价格	YEEK	企业资本收入
pd_i	国内生产国内使用商品的价格	QLS	劳动总供应量
pme	进口电力价格	QKS	资本总供应量
pmo	进口油气价格	TYEO	进口电力总量
pmc	进口煤炭价格	TYOO	进口油气总量
YWP	从居民获得的水资源要素收入	TYOC	进口煤炭总量
YEP	从居民获得的电力要素收入	W_j	第 j 部门水资源要素投入量
YOP	从居民获得的油气要素收入	E_j	第 j 部门电力要素投入
YCP	从居民获得的煤炭要素收入	O_j	第 j 部门油气要素投入量
QH_j	居民对商品 j 的需求	C_j	第 j 部门煤炭要素投入量
YWK	供水企业资本收入	K_j	第 j 部门资本要素投入量
YEK	供电企业资本收入	L_j	第 j 部门劳动要素投入量
YOK	供油企业资本收入	WP	居民对水资源要素的需求量

变量	变量含义	变量	变量含义
YCK	供煤企业资本收入	EP	居民对电力要素的需求量
YHK	居民资本收入	OP	居民对油气要素的需求量
YH	居民总收入	CP	居民对煤炭要素的需求量
EH	居民消费总额	Epsilon	汇率
TYW	供水企业的水资源要素收入	TSAV	总储蓄
TYE	供电企业的电力要素收入	TINV	总投资

表9-2 WEGE 模型中的外生变量

变量	含义
SUBP	政府对居民的补贴
SUBW	政府对供水企业的补贴
SUBE	政府对供电企业的补贴
PL	劳动价格
PK	资本价格
PW	水资源价格
PE	电力价格
PO	油气价格
PC	煤炭价格
IW_1	国内水资源供应量
IE_1	国内电力供应量
ME_1	国外电力供应量
IO_1	国内油气供应量
MO_1	国外油气供应量
IC_1	国内煤炭供应量
MC_1	国外煤炭供应量
SF	区外储蓄
TPG	政府从区外获得的转移支付收入
τ_i	进口税率
τ_i	生产税率

表 9-3　WEGE 模型参数

参数	含义	参数	含义
kelas	资本供应的价格弹性	αxw_i	供水企业中间投入产品分配系数
Kscale	资本供应函数的规模	aww	供水企业水资源要素分配系数
ax_{ij}	中间投入系数	aew	供水企业电力要素分配系数
$ain_{i,j}$	第 j 部门中间投入分配系数	aow	供水企业油气要素分配系数
a_{fj}	复合要素投入系数	acw	供水企业煤炭要素分配系数
γ_{zj}	生产函数的总产出规模参数	alw	供水企业劳动要素分配系数
γ_{fj}	生产函数的组合要素规模参数	akw	供水企业资本要素分配系数
γ_{COEWKj}	生产函数资本–资源要素的规模参数	αxe_i	供电企业中间投入产品分配系数
γ_{COEWj}	生产函数资源要素的规模参数	awe	供电企业水资源要素分配系数
γ_{COEj}	生产函数能源要素的规模参数	aee	供电企业电力要素分配系数
γ_{COj}	生产函数中煤炭–油气要素的规模参数	aoe	供电企业油气要素分配系数
δ_{zj}	生产函数的总产出分配参数	ace	供电企业煤炭要素分配系数
δ_{fj}	生产函数中组合要素的分配系数	ale	供电企业劳动要素分配系数
δ_{COEWKj}	生产函数中资本–资源要素的分配系数	ake	供电企业资本要素分配系数
δ_{COEWj}	生产函数中资源要素的分配系数	αxo_i	供油企业中间投入产品分配系数
δ_{COEj}	生产函数中能源要素的分配系数	awo	供油企业水资源要素分配系数
δ_{COj}	生产函数中煤炭–油气要素的分配系数	aeo	供油企业电力要素分配系数
η_{zi}	中间商品投入替代弹性系数	aoo	供油企业油气要素分配系数
η_{fi}	复合要素的替代弹性系数	aco	供油企业煤炭要素分配系数
η_{COEWKi}	资本–水资源的替代弹性系数	alo	供油企业劳动要素分配系数
η_{COEWi}	水资源的替代弹性系数	ako	供油企业资本要素分配系数
η_{COEi}	能源的替代弹性系数	αxc_i	供煤企业中间投入产品分配系数
η_{COi}	煤炭–油气的替代弹性系数	awc	供煤企业水资源要素分配系数
δ_i	阿明顿函数中 i 部门规模系数	aec	供煤企业电力要素分配系数
δ_{mi}	阿明顿函数中国外商品的分配系数	aoc	供煤企业油气要素分配系数
δ_{di}	阿明顿函数中国内商品的分配系数	acc	供煤企业煤炭要素分配系数
θ_i	CET 函数中第 i 部门的规模系数	alc	供煤企业劳动要素分配系数
ζ_{di}	CET 函数中国内商品的分配系数	akc	供煤企业资本要素分配系数
ζ_{ei}	CET 函数中出口商品的分配系数	τ_{ewk}	供水企业所得税率

参数	含义	参数	含义
α_i	居民效用函数中商品分配系数	τ_{een}	供电企业所得税率
b_i	居民效用函数中可支配收入对 i 的预算	τ_{eon}	供油企业所得税率
μ_i	政府消费率	τ_{ecn}	供煤企业所得税率
aW	居民消费对水资源分配系数	r_{tpg}	区外对政府的转移支付率
aE	居民消费对电力分配系数	r_{subp}	政府对居民的转移支付
aO	居民消费对油气分配系数	r_{subwk}	政府对供水企业的转移支付
aC	居民消费对煤炭分配系数	r_{suben}	政府对供电企业的转移支付
mpc	居民边际消费倾向	r_{subon}	政府对供油企业的转移支付
r_{ykhe}	资本要素收入分配给居民的份额	r_{subcn}	政府对供煤企业的转移支付
r_{ykwe}	资本要素收入分配给供水企业份额	λ_i	资本形成率
r_{ykee}	资本要素收入分配给供电企业份额	r_{sp}	居民储蓄率
r_{ykoe}	资本要素收入分配给供油企业份额	r_{sg}	一般企业储蓄率
r_{ykce}	资本要素收入分配给供煤企业份额	r_{swk}	供水企业储蓄率
r_{yken}	资本要素收入分配给一般企业份额	r_{sen}	供电企业储蓄率
r_{tywik}	国内供水系数	r_{son}	供油企业储蓄率
r_{tyein}	国内供电系数	r_{scn}	供煤企业储蓄率
r_{tyoin}	国内供油系数	r_{cor}	居民在区外消费率
r_{tycin}	国内供煤系数		

9.3　WEGE 模型基本结构

图 9-2 显示了 WEGE 模型商品和要素在不同阶段之间流动的基本模式，首先将煤炭、油气、电力、水资源、资本和劳动要素进入复合要素生产函数，生产出复合要素；之后复合要素与中间投入品进入国内总产出生产函数，生产出国内总商品产出；并按照转换函数分解为出口商品和用于国内消费的内销商品；将内销商品与进口商品以阿明顿复合生产函数形式组合，产生复合商品；复合商品分别流向居民消费、政府消费、投资和产业部门的中间投入，以及对煤炭、油气、电力、水资源产品投入；最后居民对不同商品的消费进入效用函数，形成居民消费总效用。

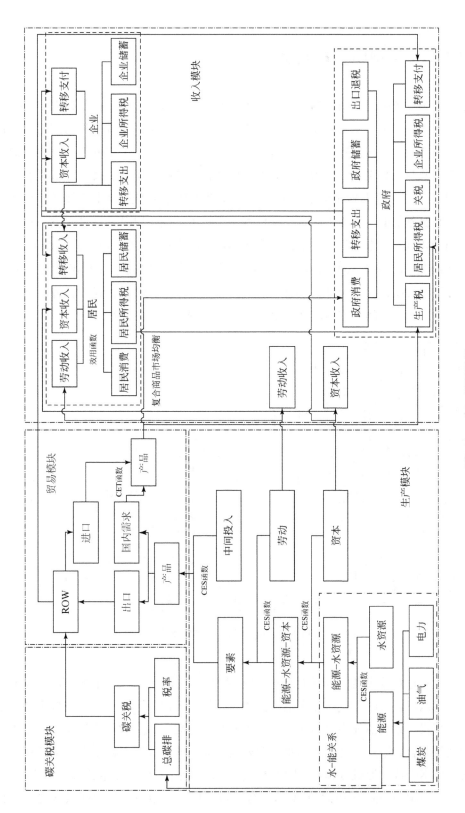

图9-2　WEGE模型框架

ROW(rest of the world)指全球其他地区

9.3.1　WEGE 模型中生产函数

企业作为市场经济中主要商品的提供者，生产函数是用来表述不同商品的企业生产行为的函数。在生产函数中，主要是通过不同要素和中间投入以不同的方式进行组合来生产不同材质、不同功能、不同性质的商品，包括初始要素的投入，加上中间投入，再到总产出过程，是将资源与原料投入转化为商品和服务的过程，能够逐层反映投入产出关系。

在 CGE 模型中，生产要素是商品的基本，中间投入是在生产过程中消耗和使用的非固定资产货物和服务价值。由于不同生产部门的生产技术不同，以及消费者对商品的需求存在差别，WEGE 模型的生产函数主要是利用常数替代弹性（constant elasticity of substitution，CES）函数来表达不同生产要素和中间投入的替代关系。WEGE 模型采用了自下而上的三层嵌套结构（图 9-3），对煤炭、油气、电力、水资源、资本、劳动加以区分的情况下，考虑了总中间需求与增加值之间存在一定程度的可替代性。

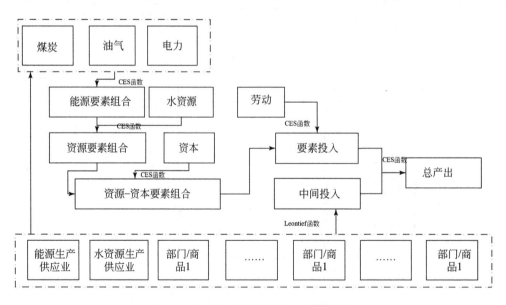

图 9-3　WEGE 模型嵌套的生产函数结构

初始生产要素存在替代性，所以要利用 CES 函数将各个要素进行组合。根据图 9-3，模型中通过构建六层嵌套的生产函数来描述国内商品的生产过程。第一层是将各个初始要素进行嵌套，煤炭要素和油气要素形成化石-能源组合；第二层是化石-能源组合和电力要素形成能源要素组合；第三层是能源和水资源要素合成，形成资源要素组合；第四层是资源要素和资本要素合成，形成资源-资本要素组合；第五层是与劳动要素合成，形成资源-资本-劳动组合，即生产过程中的价值增值部分。最顶层，模型假设各中间投入之间与价值增值部分之间存在替代关系。

第一层嵌套：生产函数的最上层关系是中间投入与价值投入部分，通过 CES 函数将中间投入与煤炭要素、石油要素、电力要素、水资源要素、资本要素、劳动要素组成的组合要素形成总商品产出，具体见式（9-1）~式（9-3）：

$$QA_j = \gamma_{zj}(\delta_{zj} \cdot F_j^{\eta_{zj}} + (1 - \delta_j) \cdot INTA_j)^{\frac{1}{\eta_{zj}}} \tag{9-1}$$

$$\frac{pf_j}{pinta_j} = \frac{\delta_{zj}}{(1 - \delta_{zj})} \left(\frac{INTA_j}{F_j}\right)^{1 - \eta_{zj}} \tag{9-2}$$

$$PA_j \cdot QA_j = pf_j \cdot F_j + pinta_j \cdot INTA_j \tag{9-3}$$

中间投入是指企业在生产商品过程中，除了对各种生产要素进行投入之外，还要消费和使用其他物品。在 WEGE 模型中，将非煤、非油、非电、非水的投入称为中间投入，见式（9-4）和式（9-5）：

$$X_{i,j} = ain_{i,j} \cdot INTA_j \tag{9-4}$$

$$pinta_j = \sum_i ain_{i,j} \cdot PQ_i \tag{9-5}$$

增值部分的嵌套关系是将组合的煤炭要素、石油要素、电力要素、水资源要素、资本要素、劳动要素进行整体组合。

第二层嵌套：资源−资本−劳动的合成，即生产的增值部分。

$$F_j = \gamma_{fj} \left[\delta_{fj} \cdot FKC_j^{\eta fj} + (1 - \delta_j) \cdot L_j^{\eta_{fj}} \right]^{\frac{1}{\eta_{fj}}} \tag{9-6}$$

$$\frac{pfkc_j}{pl} = \frac{\delta_{fj}}{(1 - \delta_{fj})} \left(\frac{L_j}{FKC_j}\right)^{1 - \eta_{fj}} \tag{9-7}$$

$$pf_j \cdot F_j = pfkc_j \cdot FKC_j + pl \cdot L_j \tag{9-8}$$

第三层嵌套：资源−资本的合成。

$$FKC_j = \gamma_{COEWKj}(\delta_{COEWKj} \cdot FW_j^{\eta_{COEWKj}} + (1 - \delta_{COEWKj}) \cdot K_j^{\eta_{COEWKj}})^{\frac{1}{\eta_{COEWKj}}} \tag{9-9}$$

$$\frac{pfw_j}{pk} = \frac{\delta_{COEWKj}}{(1 - \delta_{COEWKj})} \left(\frac{K_j}{FW_j}\right)^{1 - \eta_{COEWKj}} \tag{9-10}$$

$$pfkc_j \cdot FKC_j = pfw_j \cdot FW_j + pk \cdot K_j \tag{9-11}$$

第四层嵌套：能源与水资源合成，即资源合成品。

$$FW_j = \gamma_{COEWj}(\delta_{COEWj} \cdot FE_j^{\eta_{COEWj}} + (1 - \delta_{COEWj}) \cdot W_j^{\eta_{COEWj}})^{\frac{1}{\eta_{COEWj}}} \tag{9-12}$$

$$\frac{pfe_j}{pw} = \frac{\delta_{COEWj}}{(1 - \delta_{COEWj})} \left(\frac{W_j}{FE_j}\right)^{1 - \eta_{COEWj}} \tag{9-13}$$

$$pfw_j \cdot FW_j = pfw_j \cdot FE_j + pw \cdot W_j \tag{9-14}$$

第五层嵌套：化石能源与电力资源合成，即能源合成品。

$$FE_j = \gamma_{COEj}(\delta_{COEj} \cdot FC_j^{\eta_{COEj}} + (1 - \delta_{COEWj}) \cdot E_j^{\eta_{COEj}})^{\frac{1}{\eta_{COEj}}} \tag{9-15}$$

$$\frac{\mathrm{pfc}_j}{\mathrm{pe}} = \frac{\delta_{\mathrm{COE}j}}{(1-\delta_{\mathrm{COE}j})}\left(\frac{E_j}{\mathrm{FC}_j}\right)^{1-\eta_{\mathrm{COE}j}} \tag{9-16}$$

$$\mathrm{pfe}_j \cdot \mathrm{FE}_j = \mathrm{pfc}_j \cdot \mathrm{FC}_j + \mathrm{pe} \cdot E_j \tag{9-17}$$

第六层嵌套：煤炭与油气合成，即化石能源和成品。

$$\mathrm{FC}_j = \gamma_{\mathrm{CO}j}(\delta_{\mathrm{CO}j} \cdot C_j^{\eta_{\mathrm{CO}j}} + (1-\delta_{\mathrm{CO}j}) \cdot O_j^{\eta_{\mathrm{CO}j}})^{\frac{1}{\eta_{\mathrm{CO}j}}} \tag{9-18}$$

$$\frac{\mathrm{pc}}{\mathrm{po}} = \frac{\delta_{\mathrm{CO}j}}{(1-\delta_{\mathrm{CO}j})}\left(\frac{O_j}{C_j}\right)^{1-\eta_{\mathrm{CO}j}} \tag{9-19}$$

$$\mathrm{pfc}_j \cdot \mathrm{FC}_j = \mathrm{pc} \cdot C_j + \mathrm{po} \cdot O_j \tag{9-20}$$

除了企业生产商品部门以外，本章构建的 WEGE 模型考虑了供煤、供油、供电和供水企业的生产煤炭、油气、电力、水资源要素的情况，对于供煤、供油、供电、供水企业生产函数，见式（9-21）~式（9-28）：

$$\mathrm{YK}_j = \mathrm{PK} \cdot K_j \tag{9-21}$$

$$\mathrm{YL}_j = \mathrm{PL} \cdot L_j \tag{9-22}$$

$$\mathrm{YW}_j = \mathrm{PW} \times W_j \tag{9-23}$$

$$\mathrm{YE}_j = \mathrm{PE} \times E_j \tag{9-24}$$

$$\mathrm{YO}_j = \mathrm{PO} \times O_j \tag{9-25}$$

$$\mathrm{YC}_j = \mathrm{PC} \times C_j \tag{9-26}$$

$$\mathrm{XW}_i = \alpha\mathrm{xw}_i \times (\mathrm{TYW}+\mathrm{YWK}-\mathrm{Tw}-\mathrm{SW})/\mathrm{PQ}_i \tag{9-27}$$

$$\mathrm{WW} = \mathrm{aww} \times (\mathrm{TYW}+\mathrm{YWK}-\mathrm{Tw}-\mathrm{SW})/\mathrm{PW} \tag{9-28}$$

$$\mathrm{EW}_i = \mathrm{aew} \times (\mathrm{TYW}+\mathrm{YWK}-\mathrm{Tw}-\mathrm{SW})/\mathrm{PE} \tag{9-29}$$

$$\mathrm{OW} = \mathrm{aow} \times (\mathrm{TYW}+\mathrm{YWK}-\mathrm{Tw}-\mathrm{SW})/\mathrm{PO} \tag{9-30}$$

$$\mathrm{CW} = \mathrm{acw} \times (\mathrm{TYW}+\mathrm{YWK}-\mathrm{Tw}-\mathrm{SW})/\mathrm{PC} \tag{9-31}$$

$$\mathrm{LW} = \mathrm{alw} \times (\mathrm{TYW}+\mathrm{YWK}-\mathrm{Tw}-\mathrm{SW})/\mathrm{PL} \tag{9-32}$$

$$\mathrm{KW} = \mathrm{akw} \times (\mathrm{TYW}+\mathrm{YWK}-\mathrm{Tw}-\mathrm{SW})/\mathrm{PK} \tag{9-33}$$

$$\mathrm{XE}_i = \alpha\mathrm{xe}_i \times (\mathrm{TYE}+\mathrm{YEK}-\mathrm{Te}-\mathrm{SE})/\mathrm{PQ}_i \tag{9-34}$$

$$\mathrm{EE} = \mathrm{aee} \times (\mathrm{TYE}+\mathrm{YEK}-\mathrm{Te}-\mathrm{SE})/\mathrm{PE} \tag{9-35}$$

$$\mathrm{WE} = \mathrm{aee} \times (\mathrm{TYE}+\mathrm{YEK}-\mathrm{Te}-\mathrm{SE})/\mathrm{PW} \tag{9-36}$$

$$\mathrm{OE} = \mathrm{aoe} \times (\mathrm{TYE}+\mathrm{YEK}-\mathrm{Te}-\mathrm{SE})/\mathrm{PO} \tag{9-37}$$

$$\mathrm{CE} = \mathrm{ace} \times (\mathrm{TYE}+\mathrm{YEK}-\mathrm{Te}-\mathrm{SE})/\mathrm{PC} \tag{9-38}$$

$$\mathrm{LE} = \mathrm{ale} \times (\mathrm{TYE}+\mathrm{YEK}-\mathrm{Te}-\mathrm{SE})/\mathrm{PL} \tag{9-39}$$

$$\mathrm{KE} = \mathrm{ake} \times (\mathrm{TYE}+\mathrm{YEK}-\mathrm{Te}-\mathrm{SE})/\mathrm{PK} \tag{9-40}$$

$$\mathrm{XO}_i = \alpha\mathrm{xo}_i \times (\mathrm{TYO}+\mathrm{YOK}-\mathrm{To}-\mathrm{SO})/\mathrm{PQ}_i \tag{9-41}$$

$$\mathrm{EO} = \mathrm{aeo} \times (\mathrm{TYO}+\mathrm{YOK}-\mathrm{To}-\mathrm{SO})/\mathrm{PE} \tag{9-42}$$

$$WO = aeo \times (TYO+YOK-To-SO)/PW \tag{9-43}$$

$$OO = aoo \times (TYO+YOK-To-SO)/PO \tag{9-44}$$

$$CO = aco \times (TYO+YOK-To-SO)/PC \tag{9-45}$$

$$LO = alo \times (TYO+YOK-To-SO)/PL \tag{9-46}$$

$$KO = ako \times (TYO+YOK-To-SO)/PK \tag{9-47}$$

$$XC_i = \alpha xc_i \times (TYC+YCK-Tc-SC)/PQ_i \tag{9-48}$$

$$EC = aec \times (TYC+YCK-Tc-SC)/PE \tag{9-49}$$

$$WC = aec \times (TYC+YCK-Tc-SC)/PW \tag{9-50}$$

$$OC = aoc \times (TYC+YCK-Tc-SC)/PO \tag{9-51}$$

$$CC = acc \times (TYC+YCK-Tc-SC)/PC \tag{9-52}$$

$$LC = alc \times (TYC+YCK-Tc-SC)/PL \tag{9-53}$$

$$KC = akc \times (TYC+YCK-Tc-SC)/PK \tag{9-54}$$

$$YKW = PK \cdot KW \tag{9-55}$$

$$YLW = PL \cdot LW \tag{9-56}$$

$$YWW = PW \cdot WW \tag{9-57}$$

$$YEW = PE \cdot EW \tag{9-58}$$

$$YOW = PO \cdot OW \tag{9-59}$$

$$YCW = PC \cdot CW \tag{9-60}$$

$$YKE = PK \cdot KE \tag{9-61}$$

$$YLE = PL \cdot LE \tag{9-62}$$

$$YWE = PW \cdot WE \tag{9-63}$$

$$YEE = PE \cdot EE \tag{9-64}$$

$$YOE = PO \cdot OE \tag{9-65}$$

$$YCE = PC \cdot CE \tag{9-66}$$

$$YKO = PK \cdot KO \tag{9-67}$$

$$YLO = PL \cdot LO \tag{9-68}$$

$$YWO = PW \cdot WO \tag{9-69}$$

$$YEO = PE \cdot EO \tag{9-70}$$

$$YOO = PO \cdot OO \tag{9-71}$$

$$YCO = PC \cdot CO \tag{9-72}$$

$$YKC = PK \cdot KC \tag{9-73}$$

$$YLC = PL \cdot LC \tag{9-74}$$

$$YWC = PW \cdot WC \tag{9-75}$$

$$YEC = PE \cdot EC \tag{9-76}$$

$$YOC = PO \cdot OC \tag{9-77}$$

$$YCC = PC \cdot CC \tag{9-78}$$

9.3.2 WEGE 模型中分配函数

一个具有开放功能的市场经济，国内市场的商品供应除了国内生产的商品之外，还有国外生产进口的商品；而国内生产的商品不仅提供国内商品销售，还提供国外出口商品的销售（图9-4）。在 CGE 模型中，分配函数的主要功能是分配商品的生产与销售，以及在居民、政府、投资和中间投入的流向，生产可以来源于国内生产，也可以来源于国外生产；销售可以销售国内市场，也可以销售国外市场。涉及国际贸易，主要包括四个方面的假设，一是小国假设与收支平衡，这个假设认为由于经济规模足够小，其经济变化不会引起世界其他经济体的变化，在模型中，经济体的进出口商品的货币价格是外生给定，同时经济体存在收支平衡约束。二是阿明顿假设，对于同类商品，国内生产的商品与国外进口的商品是可以相互替代的，但并不是完全的替代关系，标准的 CGE 模型是在生产函数中利用替代弹性参数来表示国内生产商品和国外进口商品之间的相似性和差异性。三是进口商品与国内生产商品的替代性假设，在阿明顿假设的基础上，利用阿明顿生产公式计算国外进口商品与国内生产销售的商品的组合商品，为计算这部分的总利润，假设这一商品组合存在虚拟企业。四是商品出口与国内销售的转化假设，在开放经济的市场条件下，国内商品生产不仅供应国内各企业、居民、政府的消费，还可以通过出口与国外市场进行贸易，为了生产充足的商品供给国内市场和国外市场，可以假定商品在国内市场和国际市场的供给比例，商品出口与国内销售的转换主要利用常转换弹性函数（constant elasticity of transformation，CET）描述。

基于阿明顿假设，利用 CES 函数，构成国内商品消费总量，以及对国内商品和进口商品选择，见式（9-79）~式（9-81）。在商品分配中，是以商品生产企业的收入利益最大化的约束条件下，利用 CET 分配函数，在模型中基于收入最大化的原则，描述国内生产的总产品的去向，包括国内生产国内销售的商品和国外进口用于国内销售的商品，见式（9-82）~式（9-84）。

$$Q_i = \gamma_i (\delta m_i \cdot M_i^{\eta_i} + \delta d_i \cdot D_i^{\eta_i})^{\frac{1}{\eta_i}} \tag{9-79}$$

$$M_i = \left[\frac{\gamma_i^{\eta_i} \cdot \delta m_i \cdot p_i^q}{(1+\tau_i^m) \cdot p_i^m} \right]^{\frac{1}{1-\eta_i}} Q_i \tag{9-80}$$

$$D_i = \left[\frac{\gamma_i^{\eta_i} \cdot \delta d_i \cdot p_i^q}{p_i^m} \right]^{\frac{1}{1-\eta_i}} Q_i \tag{9-81}$$

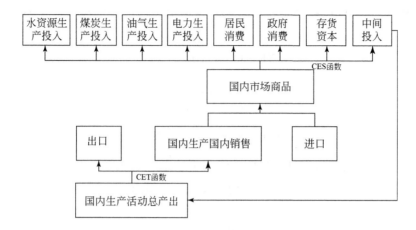

图 9-4　市场商品分配过程

$$Z_i = \theta_i \left(\xi e_i \cdot E_i^{\varphi_i} + \xi d_i \cdot D_i^{\varphi_i} \right)^{\frac{1}{\varphi_i}} \tag{9-82}$$

$$E_i = \left[\frac{\theta_i^{\varphi_i} \cdot \xi e_i \cdot \left(1 + \tau_i^Z \right) \cdot p_i^Z}{p_i^e} \right]^{\frac{1}{1-\varphi_i}} Z_i \tag{9-83}$$

$$D_i = \left[\frac{\theta_i^{\varphi_i} \cdot \xi d_i \cdot \left(1 + \tau_i^Z \right) \cdot p_i^Z}{p_i^d} \right]^{\frac{1}{1-\varphi_i}} Z_i \tag{9-84}$$

9.3.3　WEGE 模型中收入与需求函数

各类经济主体的收入与需求是商品市场的主要经济活动，其中收入的种类可以分为：居民可以通过劳动要素获得收入，也可以通过政府的转移支付获得财政补贴；供煤企业、供油企业和供电企业可以通过供应煤炭、油气、电力能源获得收入，从投资资本获得收入；供水企业可以通过供应水资源获得收入，从资本获得收入，以及从政府部门获得补贴；政府可以通过向其他经济主体征收税款获得收入，除此之外，还包括资本收入、国外转移收入等。

而在居民、企业、政府等经济主体获得收入的同时，对市场中的商品也形成一定需求。当各个经济主体的收入扣除储蓄、税收、补贴后，通过一定分配比例用于商品消费，剩余部分可以用于资本投资和储蓄。居民获得劳动报酬和政府补贴后，需要向政府缴纳所得税，剩余可以用于储蓄和商品的消费。企业支出主要是用于商品生产过程的中间使用过程的投入；政府的支出除了政府作为经济主体对市场商品的消费，对公益性强的企业和居民进行财政补贴，剩余部分将用于储蓄。在收入与需求函数中可以分为四大类，式（9-85）~式（9-88）是居民收入与需求；式（9-89）~式（9-108）是企业收入与需求；式（9-109）~式（9-118）是政府收入与需求；式（9-119）~式（9-130）是投资储蓄方程。

$$YH = TYL + YHK + SUBP \tag{9-85}$$

$$mpc = \frac{\sum_i XP_i}{YH} \tag{9-86}$$

$$EH = mpc \times (1 - Tdh) \times YH \tag{9-87}$$

$$PQ_i \times XP_i = PQ_i \times b_i + a_i(EH - \sum PQ_i \times b_i) \tag{9-88}$$

$$WP = \frac{\alpha W \times (YH - SP - TAX_{dh} - COR)}{pw} \tag{9-89}$$

$$EP = \frac{\alpha E \times (YH - SP - TAX_{dh} - COR)}{pe} \tag{9-90}$$

$$OP = \frac{\alpha O \times (YH - SP - TAX_{dh} - COR)}{po} \tag{9-91}$$

$$CP = \frac{\alpha C \times (YH - SP - TAX_{dh} - COR)}{pc} \tag{9-92}$$

$$COR = r_{cor} \times (TYL + YHK) \tag{9-93}$$

$$QLS = \sum_j YL_i + YLW + YLE + YLO + YLC \tag{9-94}$$

$$QLK = \sum_j YK_j + YLW + YLE + YLO + YLC \tag{9-95}$$

$$TYW = \sum_j YW_j + YWP + YWW + YWE + YWO + YWC \tag{9-96}$$

$$TYE = \sum_j YE_j + YEP + YEW + YEE + YEO + YEC \tag{9-97}$$

$$TYO = \sum_j YO_j + YOP + YOW + YOE + YOO + YOC \tag{9-98}$$

$$TYC = \sum_j YC_i + YCP + YCW + YCE + YCO + YCC \tag{9-99}$$

$$TYEO = PME \times ME \tag{9-100}$$

$$TYOO = PMO \times MO \tag{9-101}$$

$$TYCO = PMC \times MC \tag{9-102}$$

$$YHK = r_{ykhe} \times TYK \tag{9-103}$$

$$YWK = r_{ykwe} \times TYK \tag{9-104}$$

$$YEK = r_{ykee} \times TYK \tag{9-105}$$

$$OK = r_{ykoe} \times TYK \tag{9-106}$$

$$YCK = r_{ykce} \times TYK \tag{9-107}$$

$$YEEK = r_{yken} \times TYK \tag{9-108}$$

$$T_{dh} = \tau_{dh} \times (\text{TYL} + \text{YHK}) \tag{9-109}$$

$$T_{de} = \tau_{de} \times \text{YEK} \tag{9-110}$$

$$\text{Tw} = \tau_{ew} \times \text{TYW} \tag{9-111}$$

$$\text{Te} = \tau_{ee} \times \text{TYE} \tag{9-112}$$

$$\text{To} = \tau_{eo} \times \text{TYO} \tag{9-113}$$

$$\text{Tc} = \tau_{ec} \times \text{TYC} \tag{9-114}$$

$$T_{zj} = \tau_j^z \times \text{PZ}_j \times Z_j \tag{9-115}$$

$$T_{aj} = \tau_i^a \times \text{PQ}_i \times \sum_j X_{ij} \tag{9-116}$$

$$\text{TPG} = r_{tpg} \times (T_{aj} + T_{zj} + T_{dh} + \text{Tw} + \text{Te} + \text{To} + \text{Tc} + T_{de}) \tag{9-117}$$

$$\text{TG} = T_{dh} + T_{de} + \sum_j (T_{aj} + T_{zj}) + \text{Tw} + \text{Te} + \text{To} + \text{Tc} + \text{TPG} \tag{9-118}$$

$$\text{SUBP} = r_{subp} \times \text{TG} \tag{9-119}$$

$$\text{SUBW} = r_{ubw} \times \text{TYW} \tag{9-120}$$

$$\text{SUBE} = r_{sube} \times \text{TYE} \tag{9-121}$$

$$\text{XG}_i = \frac{\mu_i \times (\text{TG} - \text{SG} - \text{SUBP} - \text{SUBW} - \text{SUBE})}{\text{PQ}_i} \tag{9-122}$$

$$\text{XV}_i = \frac{\lambda_i \times (\text{SP} + \text{SW} + \text{SE} + \text{SO} + \text{SC} + \text{SN} + \text{SG} + \text{SF})}{\text{PQ}_i} \tag{9-123}$$

$$\text{SP} = \text{rsp} \times (\text{TYL} + \text{YHK}) \tag{9-124}$$

$$\text{SG} = \text{rsg} \times \text{TG} \tag{9-125}$$

$$\text{SN} = (1 - \tau_{de}) \times \text{YEEK} \tag{9-126}$$

$$\text{SW} = r_{sw} \times \text{YWK} \tag{9-127}$$

$$\text{SE} = r_{se} \times \text{YEK} \tag{9-128}$$

$$\text{SO} = r_{so} \times \text{YOK} \tag{9-129}$$

$$\text{SC} = r_{sc} \times \text{YCK} \tag{9-130}$$

9.3.4 WEGE 模型中价格函数

价格方程是 CGE 模型中关于对各种价格的描述，见式（9-131）~式（9-135），对商品和要素的市场调节起着决定性作用，以"小国假设"为前提，同时，假定进口商品的国际市场价格和出口商品的国际市场价格为外生变量。

$$\text{pe}_i = \text{pw}_i^e (1 + t_i^e) \times \text{epsilon} \tag{9-131}$$

$$\text{pm}_i = \text{PW}_i^m (1 + t_i^m) \times \text{epsilon} \tag{9-132}$$

$$pq_i = \frac{pd_i \times D_i + pm_i \times M_i}{Q_i} \tag{9-133}$$

$$pz_i = \frac{pd_i \times D_i + pe_i \times EX_i}{Z_i} \tag{9-134}$$

$$Pindex = \frac{NGCP}{RGDP} \tag{9-135}$$

9.3.5 WEGE 模型的宏观闭合函数

任何实证模型都是对真实经济的部分刻画，因此必然存在一个边界来区分模型的内部机制和模型的外部环境。宏观闭合条件的选择决定了模型中关于经常项目赤字应该是内生还是外生的具体设定。SAM 表需要系统反映国民经济各个部门从生产到最终使用这一完整的事物运动过程中的相互联系，为了正确反映国民经济各部门的联系，需要对各个账户进行均衡，分别是生产部门收支、商品市场收支、要素投入与收入、政府收取各项税款与支出、不同经济主体的投资和储蓄、进口与出口收支。这些均衡条件意味着市场出清，使得每个市场达到均衡。

（1）要素市场均衡

要素分为劳动、资本、水资源、电力、油气、煤炭，要素市场均衡主要表现为各类要素的总需求等于总供给：

$$TL = \sum_i YL_i + YLW + YLE + YLO + YLC \tag{9-136}$$

$$TK = \sum_i YK_i + YKW + YKE + YKO + YKC \tag{9-137}$$

$$TW = TYW = \sum_j YW_j + YWP + YWW + YWE + YWO + YWC \tag{9-138}$$

$$TE = TYO + ME = \sum_j YE_j + YEP + YEW + YEE + YEO + YEC \tag{9-139}$$

$$TO = TYO + MO = \sum_j YO_j + YOP + YOW + YOE + YOO + YOC \tag{9-140}$$

$$TC = TYC + MC = \sum_j YC_i + YCP + YCW + YCE + YCO + YCC \tag{9-141}$$

（2）商品市场均衡

商品市场均衡主要是根据市场经济条件下，生产部门提供的商品总量，与各个经济主体的需求相均衡：

$$Q_i = \sum_j X_{i,j} + XP_i + XW_i + XE_i + XO_i + XC_i + XG_i + XV_i + XM_i \tag{9-142}$$

（3）政府收支均衡

政府收支均衡是指政府征收的各类税款，如生产税、增值税、企业所得税、进口商品关税等。

$$\sum_i (PQ_i \times XG_i) + SUBP + SUBW + SUBE = Tz_j + Ta_j + T_{dh} +$$
$$T_{de} + Tw + Te + To + Tc + TPG \tag{9-143}$$

（4）投资均衡和储蓄均衡

储蓄包括居民储蓄、供水企业储蓄、供电企业储蓄、一般企业储蓄、政府储蓄、资本储蓄和国外资本储蓄；投资是固定资本形成总额和存货增加的总和。国家的总投资与总储蓄相均衡：

$$TSAV = DEPR + SP + SG + SN + SW + SE + SO + SC + SF \tag{9-144}$$

（5）国际收支均衡

从国外市场的收入包括出口国外商品和国外资本流入本国市场，国际收支均衡是指商品进口等于出口加净国外资本流入：

$$\sum_i pwex_i \times EX_i + TPG + SF = \sum_i pwm_i \times M_i + pme \times ME + pmo \times MO$$
$$+ pmc \times EO + COR \tag{9-145}$$

9.4 WEGE 模型的数据基础

投入产出表的优点是以矩阵的形式描述生产性部门之间的投入来源和产出使用去向，但是它的缺点是只能解释国民经济生产部门之间的数量关系，不能有效反映非生产部门的投入和产出关系，如政府部门资金的来源和支出关系（张欣，2010）。要描述宏观经济变量之间的流量关系，经济学界在投入产出表的基础上发展了 SAM 表，它继承了投入产出表以矩阵形式描述市场经济中生产部门在一定时期内投入与产出关系，而且能够反映居民、政府等非生产性部门的投入产出关系，从总量和结构上反映每个账户的实物运动过程中均衡关系（Pyatt，1977），在矩阵表中存在着行平衡关系、列平衡关系以及总量平衡关系。SAM 是 CGE 模型的数据基础。

9.4.1 WEGE 模型中 SAM 表的结构

标准 CGE 模型中的 SAM 表包括国民经济中活动、商品、要素、居民、企业、政府、资本和国外 8 个主要账户，以及账户之间的闭合关系（表 9-4）。在 SAM 表中，每一个数字都具有双重意义，从行方向看，反映某个生产部门生产的商品或者服务提供给其他商品部门使用而获取的收入；从列方向看，反映生产某个商品的生产部门在生产过程中消耗其他生产部门生产的商品或服务而花费的支出。

表 9-4　开放经济体宏观 SAM 表结构

部门		支出																	
		生产活动		生产要素						机构							资本	国外	合计
		活动	商品	劳动	资本	水资源	电力	油气	煤炭	居民	供水企业	供电企业	供油企业	供煤企业	企业	政府	资本	国外	合计
生产活动	活动		国内生产国内供给																总产出
	商品	中间投入								居民消费	中间投入	中间投入	中间投入	中间投入		政府消费	固定资本形成额	出口	国内总需求
要素	劳动	劳动报酬									劳动报酬	劳动报酬	劳动报酬	劳动报酬					要素收入
	资本	固定资产折旧+企业盈余									固定资产折旧+企业盈余	固定资产折旧+企业盈余	固定资产折旧+企业盈余	固定资产折旧+企业盈余					要素收入
收入	水资源要素	中间投入								居民消费	中间投入	中间投入	中间投入	中间投入					要素收入
	电力要素	中间投入								居民消费	中间投入	中间投入	中间投入	中间投入					要素收入
	油气要素	中间投入								居民消费	中间投入	中间投入	中间投入	中间投入					要素收入
	电力要素	中间投入								居民消费	中间投入	中间投入	中间投入	中间投入					要素收入

续表

机构收入＼支出	生产活动		生产要素						机构							资本	国外	合计
	活动	商品	劳动	资本	水资源	电力	油气	煤炭	居民	供水企业	供电企业	供油企业	供煤企业	企业	政府			
居民			劳动报酬	资本收益											政府支付		国外收入	居民收入
供水企业				企业收益	水资源要素收入										政府转移			企业收入
供电企业				企业收益		电力要素收入									政府转移			企业收入
供油企业				企业收益			油气要素收入											企业收入
供煤企业				企业收益				煤炭要素收入										企业收入
企业				企业收益														企业收入
政府	间接税	商品税							个人所得税	企业直接税	企业直接税	企业直接税	企业直接税	企业直接税			国外收入	政府收入
资本				投资储蓄					居民储蓄	企业储蓄	企业储蓄	企业储蓄	企业储蓄	企业储蓄	政府储蓄		国外净储蓄	储蓄总额
国外		进口		国外投资收益		要素进口	要素进口	要素进口							对国外的支付			国外收入
合计	总收入	国内总供给	劳动要素支出	资本要素支出	水资源要素支出	电力要素支出	油气要素支出	煤炭要素支出	居民消费	企业支出	企业支出	企业支出	企业支出	企业支出	政府支出	总投资	国外支出	

生产活动账户与商品活动账户是不同的，生产活动账户是生产部门根据产品出厂价格来计算的价值量；商品活动账户指的是在市场上销售的商品，商品账户的价格是按照市场价格来计算的。将活动与商品区分计算，有利于描述现代经济的一些重要特征。活动账户的收入主要来自国内商品生产供给国内和国外所得，其支出主要包括生产活动过程的中间投入，支付给劳动者的劳动报酬，向政府缴纳税费，以及通过固定资产和存货增加形成的资本。商品活动账户收入主要包括中间获取的投入、经济主体的缴费和固定资本的形成，支出用于商品的国内供给和国外进口。

要素为生产要素，主要包括劳动、资本等，本章包含了水资源要素和电力要素、油气要素和煤炭要素，其收入主要来自生产活动和企业的供应，支出用于各机构的分配。

机构账户用于说明各个经济主体在一定时期内的投入来源与产出使用去向，包括居民、供水企业、供电企业、供油企业、供煤企业、一般企业、政府、资本、国外等，其行列说明资金何处获得，纵列表述资金使用的去向。

9.4.2　WEGE 模型的 SAM 表平衡

SAM 表涉及大量的社会经济数据，其数据整理、归纳除了国家的投入产出表外，还需要利用国家统计年鉴、经济年鉴、财政年鉴、税务年鉴等。由于数据较多，且来源不同，在构建 SAM 表的过程中，经常需要对有冲突的数据进行调整。首先在明确 SAM 表用途的基础上，构建 SAM 表的总体构架；之后利用搜集的相关数据，进行归纳整理，填入 SAM 表；填表后，要对所收集的数据进行分析。如果存在不符合、不匹配情况，必须在符合经济规律和经济现实状况的原则下，对 SAM 表的现有结构与表式进行调整和修改，经过对 SAM 表中数据修改，使之行列均衡。例如，价格以及来料加工的处理方法的不同，引起进口商品和出口数据差异，就需要对其数据进行修改。目前常用于调整 SAM 表平衡的方法有最小二乘法、手动平衡法、双比例平衡（RAS）法、交叉熵法等。

9.4.3　WEGE 模型 SAM 表编制

本章根据 SAM 表的编制原理，设计全国 SAM 表包含活动、商品、要素、机构、资本和汇总账户（表 9-5），并细化分为 18 个账户。

表 9-5　全国 SAM 账户

序号	分类	账户	符号
1	活动	活动	Activity
2	商品	商品	Commodity

续表

序号	分类	账户	符号
3		劳动	Labor
4		资本	Capital
5	要素	水资源	Wat
6		电力	Ele
7		油气	Oil
8		煤炭	Coal
9		居民	Resident
10		供水企业	Wat Enterprises
11		供电企业	Ele Enterprises
12	机构	供油企业	Oil Enterprises
13		供煤企业	Coal Enterprises
14		一般企业	Enterprises
15		政府	Government
16		世界其他地区	Rest of the World
17	资本和 汇总账户	资本账户	Capital Accounts
18		汇总	Total

根据 2017 年中国投入产出表、《中国财政年鉴》、《中国金融年鉴》、《中国税务年鉴》、《中国电力统计年鉴》及《中国水资源公报》，构建宏观 SAM 表（表 9-6）。因为数据来源不同，所以要对数据进行校正，使得同一行列的汇总数值平衡，本章利用 RAS 法对 SAM 表进行调整和修改，该方法是假定行列总值不变的条件下，计算矩阵列表中行列总值与目标值的比例，对目标值与固定值进行反复迭代，使最后的 SAM 表中的矩阵的行列均衡，并且总值达到目标数值。

9.4.4 微观 SAM 表编制

本章主要研究水与能源对国家宏观经济的影响，分析水价、电价变化，以及对涉水、涉电补贴政策，税收政策对国民经济的影响，所以将宏观 SAM 表进行细化，包括对生产活动、商品活动部门的划分，要素的划分，居民及企业的划分。本研究将生产活动和商品部门划分为 16 个行业，分别为农业（Ag），金属矿采选业（Me），非金属矿及其他矿采选业（Nm），食品制造及烟草加工业（Ft），纺织业及其制品业（Te），木材加工及家具制造业（Sa），造纸印刷及文教体育用品（Pa），石油加工、炼焦及核燃料加工业（Pp），化学工业（Ch），非金属矿物制品业（Nc），金属冶炼及压延加工业（Ms），金属制品业（Mp），

（单位：亿元）

表9-6　全国2017年宏观SAM表

	生产活动	商品活动	煤炭要素	油气要素	电力要素	水资源要素	劳动	资本	居民	供煤企业	供油企业	供电企业	供水企业	其他企业	政府	资本	国外	收入合计
生产活动	0	1 997 156.5	0	0	0	0	0	0	0	0	0	0	0	0	0	0	163 498.1	2 160 654.6
商品活动	1 306 078.2	0	0	0	0	0	0	0	314 089.4	6 464.2	3 506.0	14 039.8	881.6	0	123 750.3	364 098.5	0	2 132 908.0
煤炭	11 718.7	0	0	0	0	0	0	0	135.1	3 430.3	8.8	7 976.6	0	0	0	0	0	23 269.5
油气	20 293.9	0	0	0	0	0	0	0	0	5.3	82.3	2 880.3	0	0	0	0	0	23 261.8
水资源要素	37 465.3	0	0	0	0	0	0	0	5 214.9	804.0	283.7	16 804.8	320.2	0	0	0	0	60 892.9
电力要素	1 254.3	0	0	0	0	0	0	0	987.3	5.1	8.0	82.0	124.3	0	0	0	0	2 461.0
劳动	410 398.8	0	0	0	0	0	0	0	0	4 749.1	1 417.5	6 177.8	524.8	0	0	0	0	423 268.0
资本	287 708.7	0	0	0	0	0	0	0	0	3 483.0	3 111.4	10 200.5	465.5	0	0	0	0	304 969.1
居民	0	0	0	0	0	0	423 268.0	31 088.2	0	0	0	0	0	0	68 076.7	0	0	522 432.9
供煤企业	0	0	21 729.0	0	0	0	0	0	0	0	0	0	0	0	0	0	0	21 729.0
供油企业	0	0	0	11 306.4	0	0	0	0	0	0	0	0	0	0	0	0	0	11 306.4
供电企业	0	0	0	0	60 872.0	0	0	0	0	0	0	0	0	0	0	0	0	60 872.0
供水企业	0	0	0	0	0	2 461.0	0	0	0	0	0	0	0	0	0	0	0	2 461.0
其他企业	0	0	0	0	0	0	0	64 331.3	0	0	0	0	0	0	0	0	0	64 331.3
政府	85 736.6	2 997.8	0	0	0	0	0	0	11 966.4	1 615.2	1 530.6	1 011.1	94.8	27 865.6	0	0	64 850.8	197 668.9
资本	0	0	0	0	0	0	0	209 549.6	45 837.3	4 655.9	4 469.3	11 899.5	515.3	228 755.0	5 841.9	0	62 124.2	573 648.0
国外	0	132 753.6	1 540.5	11 955.5	20.9	0	0	0	144 202.5	0	0	0	0	0	0	0	0	290 473.0
支出合计	2 160 654.5	2 132 907.9	23 269.5	23 261.9	60 892.9	2 461.0	423 268.0	304 969.1	522 432.9	25 212.1	14 417.6	71 072.5	2 926.5	256 620.6	197 668.9	364 098.5	290 473.1	0

通用、专用设备制造业（Gp），其他制造品（Op），建筑业（Cn），服务业（Se）（表9-7）。要素分为劳动、资本、原水、自来水、再生水、火电、水电、核电、再生能源发电；企业机构分为水利工程供水企业、自来水供应企业、再生水生产企业、火电供应企业、水电供应企业、核电供应企业、再生能源发电供应企业和其他企业。

表 9-7　微观 SAM 表中活动与商品部门分类

序号		部门	模型代码
1		农业	Ag
2		金属矿采选业	Me
3		非金属矿及其他矿采选业	Nm
4		食品制造及烟草加工业	Ft
5		纺织业及其制品业	Te
6	部门分类	木材加工及家具制造业	Sa
7		造纸印刷及文教体育用品	Pa
8		石油加工、炼焦及核燃料加工业	Pp
9		化学工业	Ch
10		非金属矿物制品业	Nc
11		金属冶炼及压延加工业	Ms
12		金属制品业	Mp
13		通用、专用设备制造业	Gp
14		其他制造业	Op
15		建筑业	Cn
16		服务业	Se

9.5　WEGE 模型参数估计及模型校准

在 WEGE 模型中，内生变量是根据模型运算得出的；而外生变量是给定的已知变量；除此之外，模型还包括内部调校参数和外部给定参数，这些都需要在模型构建过程中进行设定。根据本章，模型中包括生产函数、分配函数、收入与需求函数、价格函数和宏观闭合函数，在不同的函数中替代弹性系数和转换系统等参数主要是参考张欣（2010）的研究成果（表9-8），然后在模型应用过程中再对各类弹性系数进行敏感性分析。

表9-8　各类弹性系数参考值

部门	生产 CES 函数	要素 CES 函数	商品分配 CET 函数	阿明顿函数 国内生产和进口
Ag	1.25	1.43	3.90	1.42
Me	1.43	1.25	2.90	0.50
Nm	1.43	1.25	2.90	0.50
Ft	1.43	1.25	2.90	3.50
Te	1.43	1.25	2.90	3.50
Sa	1.43	1.25	2.90	3.50
Pa	1.43	1.25	2.90	3.50
Pp	1.43	1.25	2.90	3.50
Ch	1.43	1.25	2.90	3.50
Nc	1.43	1.25	2.90	3.50
Ms	1.43	1.25	2.90	3.50
Mp	1.43	1.25	2.90	3.50
Gp	1.43	1.25	2.90	3.50
Op	1.43	1.25	2.90	3.50
Cn	1.11	1.80	1.50	2.50
Se	1.11	2.00	0.70	2.00

　　校准 WEGE 模型时，假定构建的 SAM 表是一般均衡状态，模型的内部调校参数根据构建的原始 SAM 表计算得到。检验内部调校参数是否正确，可以通过两个指标来判断，一个是模拟数据集与原始数据进行对比，另一个是通过价格的齐次性检验。通过模型方程的运算可以求解内生变量，将内生变量与 SAM 表的原始数据进行比较，如果模拟数据与原始数据相一致，则说明模型的参数正确；如果模拟数据与原始数据有出入，则需要对模型参数进行进一步调节。价格的齐次性，是在将劳动价格或者资本价格等设为基准价格1，在劳动价格或者资本价格变化的基础上，分析商品价格的变化情况，如各个变量的变化同步，则说明参数设定能够反映市场经济（秦长海，2013）。

9.6　WEGE 模型构建

　　在构建 SAM 表基础上，需要运用 GAMS 语言来实现经济模型建模。GAMS 语言结合了关系数据库原理和数学规划的思想，并尝试将这些来适应战略模型制作者的需求，其中关系数据库原理提供了开发一般数据组织和转换能力的结构性框架，数学规划提供了描述问题的方式和求解问题的各种方法（魏传江，2009）。主要步骤如图 9-5 所示。

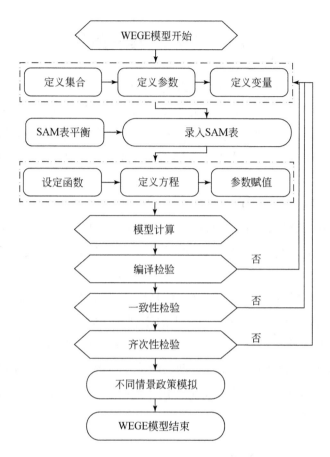

图 9-5　WEGE 模型过程步骤分解

第一步：集合声明、社会核算矩阵数据的导入与基期均衡的推导。首先需要对社会核算矩阵中元素，即生产活动、商品、要素以及各类主体的集合、商品的集合以及要素的集合进行声明。之后将构建的 SAM 导入到模型程序中，并对一些常数变量进行声明，用于保存内生变量的基期均衡值和一些外生给定变量的取值。

第二步：对模型进行校准。包括对 Leontief 函数、CES 函数、CET 函数的相关系数、直接税的税率以及储蓄率等进行校准。

第三步：模型求解。CGE 模型的均衡在很大程度上取决于基于 SAM 表中核算矩阵校准的模型系数和外生变量的取值，如果社会核算矩阵可以通过校准复制模型的基准均衡，就可以对情景进行模拟，通过假定模型外生变量和系数发生一定的变化，以居民效用函数作为目标函数，以此研究外生冲击和政策变化对经济体所产生的影响效应。

第四步：对比分析不同情景下目标值的变化情况。

9.7　WEGE 模型应用

我国正处于严重缺水期，虽然节水技术快速发展，用水效率大幅度提高，节水成效显著，但仍存在节水不充分、不均衡、不可持续等问题。如果我国在 2030 年后人口增加到 16 亿人，水资源缺口量增加到 400 亿~600 亿 m^3。如果在农业、工业和城镇生活用水等方面加大节水力度，2035 年全国节水潜力可以达到 298 亿 m^3。2025 年全国年用水总量控制在 6400 亿 m^3 以内。

2030 年前实现碳达峰，2060 年前实现碳中和，对我国能源行业转型提出了新的更高要求。2025 年国内能源年综合生产能力达到 46 亿 tce 以上，非化石能源消费占比提高到 20% 左右，非化石能源发电量占比达到 39% 左右，电气化水平持续提升，电能占终端用能比例达到 30% 左右。

利用 WEGE 模型分析水资源、能源政策对社会和经济发展及水资源、能源利用的影响，主要是改变模型的外生变量初始值，求出模型均衡解，分析不同内生变量的变化情况。本研究主要分析价格变化和供应量变化，对宏观经济的影响，分别设置了煤炭、油气、电力、水资源价格调整和供应量控制两类政策。在价格政策中，煤炭、油气、电力和水资源上升 30%。在供应量政策中，水资源供应量增加 5%，煤炭资源减少 10%，油气资源减少 15%，电力资源增长 15%。

9.7.1　价格控制影响分析

（1）部门影响

不同资源价格提升对部门影响差别较大，在水资源价格提升 30% 的情景下，金属矿采选业、非金属矿物制品业、非金属矿及其他矿采选业、纺织业及其制品业、木材加工及家具制造业将下降 1%~2%，但总体对各部门的生产、消费等影响相对较小。在煤炭价格提升 30% 的情景下，除了农业、食品制造及烟草加工业、木材加工及家具制造业、金属制品业等生产增加，其他行业生产数量下降，其中金属矿采选业生产减少 5.0%，消费减少 2.0%，出口减少 9.9%，进口增加 1.5%。在油气价格提升 30% 的情景下，纺织业及其制品业和金属矿采选业产品生产下降最显著，分别为 14.5% 和 11.4%，消费分别减少 7.9% 和 3.6%，出口分别减少 27.1% 和 22.8%，进口分别增加 15.8% 和 5.5%。在电价提升 30% 的情景下，金属矿采选业和纺织业及其制品业产品减少幅度最大（表 9-9）。

表 9-9　不同价格对不同部门的影响　　　　　　（单位:%）

指标	水资源价格提升30%				煤炭价格提升30%				油气价格提升30%				电价提升30%			
	生产	消费	出口	进口	生产	消费	出口	进口	生产	消费	出口	进口	生产	消费	出口	进口
Ag	0.2	0.1	0.1	-0.2	2.4	0.2	1.4	-6.2	3.9	-1.4	1.4	-18.1	2.2	-2.0	0.3	-14.9
Me	-0.2	0	-0.4	0.1	-5.0	-2.0	-9.9	1.5	-11.4	-3.6	-22.8	5.5	-16.7	-7.5	-29.7	3.3
Nm	-0.2	-0.1	-0.1	0.2	-4.8	-3.5	-10.6	3.4	3.1	6.5	-11.5	25.6	-5.4	-2.3	-18.4	14.6
Ft	0.1	0.1	-0.2	0.5	0.3	0.9	-4.4	6.8	-1.5	0.1	-13.4	16.6	-1.5	-0.3	-10.9	12.4
Te	-0.1	0	-0.5	0.5	-5.1	-2.1	-10.9	7.5	-14.5	-7.9	-27.1	15.8	-12.9	-7.4	-23.6	12.0
Sa	-0.1	0	-0.4	-0.1	1.3	2.5	-4.3	1.2	-5.8	-3.1	-18.9	-6.2	-4.0	-1.6	-15.6	-4.4
Pa	0.1	0.1	-0.2	0	-0.4	0.8	-6.6	-0.6	-3.2	-0.9	-16.5	-4.0	-2.5	-0.4	-14.2	-3.2
Pp	0.2	0.2	0.1	0.2	-0.4	-0.2	-8.3	-1.8	-4.0	-3.4	-36.2	-10.7	-0.4	-0.3	-4.7	-1.2
Ch	0.2	0.2	-0.1	0.2	-0.7	-0.6	-7.4	-1.6	-3.4	-2.6	-17.8	-5.5	-4.1	-3.4	-15.9	-5.7
Nc	-0.2	-0.2	-0.4	-0.2	-0.3	0.1	-9.5	-1.8	-0.8	-0.4	-13.9	-3.1	2.2	2.7	-11.1	-0.1
Ms	0	0	-0.2	-0.1	-0.1	0.1	-6.7	-1.2	-3.6	-3.3	-15.3	-5.6	-3.3	-3.0	-15.7	-5.5
Mp	0.1	0.1	-0.1	0.1	1.3	2.0	-4.3	0.8	-4.0	-2.5	-16.2	-5.2	-2.9	-1.2	-16.3	-4.3
Gp	0.1	0.1	-0.1	0.1	0.2	0.6	-5.6	-0.5	-4.3	-2.4	-17.0	-5.1	-4.2	-2.5	-15.7	-4.9
Op	0.1	0.2	-0.2	0.1	-1.8	-0.5	-7.1	-1.6	-6.4	-3.4	-19.0	-6.2	-4.0	-1.4	-15.2	-3.8
Cn	0.2	0.2	0.7	0	-0.2	-0.4	10.8	-3.3	0.7	0.2	28.2	-6.5	1.6	1.3	22.1	-3.9
Se	0.3	0.3	0.7	0.1	2.5	1.8	11.7	-0.6	2.2	0.0	32.0	-6.9	2.3	0.9	20.3	-3.5

　　要素价格提升将导致其生产成本增加、产出下降，煤炭、油气和电力要素价格提升的影响程度大于水资源价格提升的影响，尤其对于煤炭、油气、电力要素依赖较大的行业，如金属矿采选业、纺织业及其制品业，要素价格提升对其成本影响显著，其生产、消费、出口、进口减少。而要素依赖程度较小的行业，如服务业，通用、专用设备制造业等劳动、资本、技术密集型产业，要素价格的提升对其成本影响不显著，反而产出有所增长。

（2）供应量影响

　　要素价格提升同时也影响供应企业的收入，当资源水价提升30%时，水资源供应量减少3.4%，供水企业收入增加7.4%。当煤炭价格提升30%时，煤炭供应量减少6.7%，供煤企业收入增加8.5%。当油气价格提升30%时，油气供应量减少15.8%，供油企业收入增加5.1%。当电力价格提升30%时，电力供应量减少2%，供电企业收入增加6.9%。

（3）宏观经济影响

　　价格提升间接导致其他行业商品价格水平提高，导致居民商品消费减少，国内商品产量和国内商品总供给量均有小幅减少，但是价格提升使得总产出有所增加，当水资源价格提升30%时，GDP提高了0.3%，政府收入提高了0.5%，居民收入增加了0.4%，居民效用增加了0.2%。在煤炭价格提升30%的条件下，GDP、政府收入、居民收入分别提高了 1.1%、4.5% 和 4.1%，同时居民效用增加了 1.6%。在油气价格提升 30% 的条件下，GDP 提高了 2.5%，政府收入提高了 8.5%，居民收入增加了 9.4%，居民效用增加了 2%。在电力价格提升 30% 的条件下，GDP 提高了 2.5%，政府收入提高了 5.5%，居民收入增加了 5.9%，居民效用增加了 2%。价格的提升带来 GDP 的增长，是由价格通胀导致的，并非由消费拉动所致，不是真实的增长。通过对比，石油价格的提升对宏观经济的影响较大（图 9-6）。

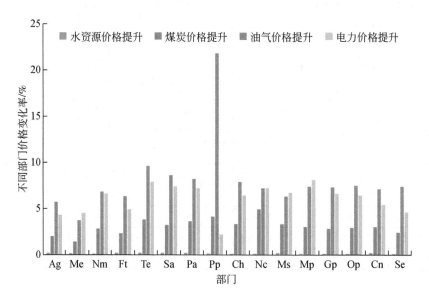

图 9-6　不同价格对不同部门产品价格的影响

9.7.2　供应量控制影响分析

（1）部门影响

在水资源增加 5%，煤炭资源减少 10%，油气资源减少 15%，电力资源增长 15% 的综合政策影响下，水资源价格增加 1.7%，煤炭价格增加 5.3%，石油价格增加 9.7%，电力价格增加 1%。资源供应结构的变化导致其他行业产出减少，金属矿采选业，纺织业及其制品业，非金属矿及其他矿采选业，石油加工、炼焦及核燃料加工业受影响最大。其原因是，资源价格的提升将增加大多数行业的生产成本，与能源密切相关的行业影响较大，促使这些行业缩小产业规模，从而降低对资本和劳动力的需求。

而成本的增加不仅造成生产量的减少，也带来大部分的商品消费量、进口量和出口量的减少。随着纺织品国内价格的升高，纺织品消费量减少最大，同时金属矿采选业出口数量减少最多，农产品进口数量减少最大（表 9-10）。

表 9-10　供应量变化对不同部门的影响　　　　　　　　（单位:%）

指标	生产	消费	出口	进口
Ag	−4.1	−5.6	−4.7	−10
Me	−10.1	−7.1	−14.8	−3.7
Nm	−8.7	−7.8	−12.7	−3.1
Ft	−5.4	−4.9	−9.1	−0.3
Te	−10.6	−8.3	−15	−1.2
Sa	−5.6	−4.6	−10.1	−5.7
Pa	−8.6	−7.8	−12.8	−8.8
Pp	−4.6	−4.9	6.1	−2.9
Ch	−7.2	−7	−10.5	−7.6
Nc	−3.2	−3.1	−7.2	−3.9
Ms	−5.4	−5.3	−9.3	−6.1
Mp	−5.6	−5	−10.2	−6
Gp	−4.4	−3.7	−8.9	−4.7
Op	−5.4	−4.4	−9.9	−5.3
Cn	−0.3	−0.5	−7.2	−2.5
Se	−5.8	−6.4	−1.7	−8.3

（2）供应企业影响

在资源供应量变化的情景下，随着供应量以及资源价格变化，供水企业收入将增加 6.8%，供煤企业收入将减少 9.7%，供油企业收入将减少 12.3%，供电企业收入将增加 13.9%。这主要是由于水资源和电力价格的提升和供应量的增加，供水企业和供电企业是直接受益者，其企业收入也会相应增加；但随着煤炭和油气供应量的压减，虽然价格的提升弥补了一部分损失，但是仍减少了其供应企业的收入。

（3）宏观经济影响

在资源供应量变化情景下，供水、供煤、供油、供电的成本增加，引起生产成本提高，导致商品和服务价格提高（图 9-7），其中石油加工、炼焦及核燃料加工业（Pp）价格上升 10.2%，金属矿采选业（Me）价格上升 7.9%，金属冶炼及压延加工业（Ms）价格上升 7.8%，食品价格上升 7.5%。这导致居民商品消费降低 4.9%。商品消费降低带来 GDP 下降，GDP 减少 2.7%，政府收入减少 13.8%，居民收入减少 12.1%。

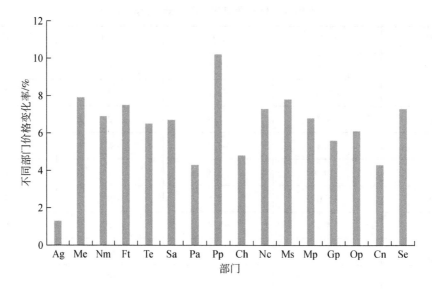

图9-7　资源供应量变化对其他商品价格的影响

第10章 中国水与能源发展建议与展望

我国已由经济高速增长阶段转向高质量发展阶段，推动经济发展质量变革、效率变革、动力变革，能源与水对经济发展的约束性将进一步增强。目前政策、研究更加注意发展清洁能源和减少碳排放，往往忽视了用水安全。国家宏观能源政策中往往缺乏对淡水资源的研究，而关于水资源的政策中也没有考虑对能源消耗的影响。为缓解水资源压力，开发可替代性能源，中国的政策制定越来倾向于高耗能型用水和高耗水型用能，如南水北调工程中抽水、水处理、运输水需要消耗大量的能量。为实现水与能源的可持续发展，需要对水资源和能源进行合理布局与优化配置，实现供需双向匹配。

10.1 相 关 建 议

（1）重视水资源在纽带关系中的核心作用，提升水资源的管理水平

水资源、能源是经济社会发展最重要的基础性资源，水资源开发利用需要能源投入，能源行业发展离不开水资源，两者之间彼此关联、相互依存，存在着脆弱的平衡关系。虽然由于水循环的存在，水资源具有一定的可再生性，但再生周期比较长，水资源是纽带关系核心元素，建议落实节水优先战略，挖掘节水潜力，提升效率，创新水资源管理水平。基于能源产业水足迹分析，利用农作物发展生物质能全生命周期单位发电量耗水量最大，利用农村剩余物发展生物质能耗水量较小；太阳能、风能等耗水量最小，不到煤、石油等化石能源的一半，且废污水排水少，因此，缺水地区应谨慎发展基于农作物的生物质能源，积极开发太阳能、风能等新能源。

（2）加强顶层设计，突出水资源约束作用，实现协同管理

我国水资源严重短缺，时空分布极不均衡，与能源、耕地等社会经济要素分布也不匹配，依据区域自然资源和经济发展特点，全面考虑国家和区域战略定位，需要开展区域发展规划的水资源论证，突出水资源的约束作用，实现水、能源供需双向匹配，以此倒逼水资源、能源进行合理布局与优化配置、转型升级和产业结构调整。新疆、内蒙古、宁夏等西北能源应严格遵循"以水定地、以水定产"的发展原则，根据供水能力决定能源发展规模，优化调整能源产业结构，严格控制能源发展规模；限制发展煤制油、煤制天然气、煤制甲醇等高耗水的煤化工产业；鼓励采用最先进的节水工艺和设备，制定用水效率准入门槛。促进区域发展与水资源、水环境承载能力相适应。

（3）实行水资源与能源全过程调控，促进协同发展

当前我国水资源面临的形势严峻，不仅人均用水短缺，而且污染也较为严重，为保证水资源支撑粮食安全和能源安全的发展，需要实施源头治理，过程阻断，末端治理的全过程调控，来实现水、能源协同发展。例如，工业废水污染、工业固体废物排放、生活污水排放成为水污染的主要源头。要减少和有效治理水污染，加强源头治理是关键，需要推动能源结构转型和实现节能减排，发展清洁能源，采用清洁生产技术工艺，调整产业结构与产品结构，减少污染物产生。构筑能源开发利用的闭路循环系统，对过程实施阻断，实现水能资源的再生利用、营养物质循环利用，阻断污染物进入水体过程；在末端实行治理，强调能源开发利用排放污水的物理、化学与生物处理、污泥处置与物质利用，实施水生态系统修复。

强调绿色节能的消费模式，从消费端进行资源节约使用，来达到资源保护的目标。例如，每年中国粮食产量的 7%~11% 在产后环节被损失掉，这些粮食损失量相当于浪费水资源 324.5 亿 m^3；而农田灌溉水有效利用系数提高 0.1，可节省 81.59 亿 $kW \cdot h$ 的电能。减少 1 $kW \cdot h$ 电能的生产，可减少约 3.5L 水资源；利用节水型生活用水器具，增强节水意识、改变用水行为（如减少洗浴次数或机洗次数），减少 10% 的用水量，可节约 350.5 亿 $kW \cdot h$ 的电能；目前我国资源消耗量大、利用效率低，随着经济的快速增长和人口的不断增加，淡水、土地、能源等资源不足的矛盾更加突出，全社会树立节约意识，适时、适量、适度地使用和消费是可持续发展的重要保障。

（4）创新协同安全保障技术，出台水-能源协同安全应对战略

能源生产与消费耗用实体水，并引发虚拟水流动，水的流动、耗用和再生回用需能源支撑，而生物质能源的发展带来粮食生产的土地与水资源的竞争，保障水-能源协同安全需运用系统科学的思想与方法。针对互动理论与协同保障技术短板，应创新发展水-能源系统关联互动演化与多目标协同理论，发展水-能源纽带关系分析方法和模型，突破基于实体水-虚拟水统筹调控的适水产业规划技术、水-能源系统投入产出分析技术和水资源协同配置优化技术，构建水-能源系统安全国家应对战略。按照建设资源节约型、环境友好型社会要求，以水资源和水环境的承载能力为约束，以主要能源基地与水资源适配性研究为基础，分析水资源保障国家能源面临的挑战。统筹考虑实体水与虚拟水两个维度，从国家层面提出保障能源安全和水安全的适水产业布局调整方案。

（5）科学利用水资源，确保生态环境良性循环

随着我国经济社会的不断发展和取耗排水量的不断增加，水资源总量、水环境容量和水生态空间约束日益显现，部分地区水资源开发利用程度已接近甚至超过水资源承载能力。我国北方地区主要河流年均挤占河道生态用水 132 亿 m^3，年均地下水超采量达

215 亿 m³, 引发河道断流、湿地萎缩、河湖生态功能退化、地面沉降等一系列生态问题, 已成为我国经济社会可持续发展的重要制约因素之一。

目前我国水资源利用仍存在着诸多不合理之处, 根据不同区域的生态资源条件, 科学评价确定水资源数量、质量、空间合理利用的阈值, 提高水资源利用效率和效益, 确保重要湿地、河湖生态用水, 加强地下水的涵养和保护, 力争实现社会经济系统与自然生态系统的良性循环。

（6）推进水市场建设, 发挥水资源的正向引导和反向倒逼作用

我国现行的《中华人民共和国宪法》和《中华人民共和国水法》规定, 水资源归国家所有, 那么在具体使用的过程中就需要确定水权。目前水资源利用包括经济用水、生态用水、基本生活用水。生态用水和基本生活用水由于其特殊性, 不能进入市场进行流转, 造成第一产业、第二产业发展对于水的需求更为多元化, 这就决定了经济用水具有一定竞争性, 所以为确保水权进入市场进行流转, 就需要通过市场来进行调节, 发挥水资源的经济效益, 同时各行业要对水资源的需求进行调节配置。对于水资源消费引导, 需要制定反映水资源紧缺程度、与市场经济相适应、有利于水资源节约保护的不同水源差别化水价体系。尤其在我国西北能源丰富的新疆、内蒙古、宁夏等地区水资源现状利用量已经超过或接近用水总量红线, 外延式发展潜力极其有限。而这些区域农业用水效率还有较大的提升空间, 应加快灌区高效节水现代化建设, 完善工业与农业之间的水权交易制度, 建立健全水权交易平台, 建立法律依据与科学技术支撑, 促进跨行业、跨区域、跨流域水权转换。借助市场手段高效配置水资源, 鼓励能源企业出资进行灌区节水技术改造, 在维持水生态健康的基础上保障粮食生产和能源开发。对于能源消费引导, 可以通过能源产品价格调整, 促进天然气以及风电、太阳能、地热能等可再生能源和核电能源消费比例的增加, 形成与中国国情相适应、科学合理的能源消费结构, 构建能源合理价格体系, 促进能源生产和消费结构的优化调整。

（7）重点地区产业适水优化调整战略

水资源兼具自然属性和社会属性, 水资源开发利用不仅要支撑经济社会的持续发展、粮食安全和能源安全, 还要维持自然水循环的健康功能。我国是一个水资源严重短缺的国家, 时空分布极不均衡, 与能源、耕地等社会经济要素分布也不匹配, 优化区域产业结构与规模, 合理开发利用水资源, 是推进区域协调发展战略的关键。

西北资源富集地区, 建议划定灌溉面积控制红线, 坚决退减水资源超载地区灌溉面积。根据水资源承载能力, 对水资源短缺、水资源开发过度、生态环境脆弱地区, 划定灌溉面积控制红线, 采取种植结构调整、强化节水措施后仍不能满足灌溉和退减挤占生态环境用水要求的地区, 采取有效措施退减灌溉面积。建议加强区域间、产业间水权转换, 支撑工业化、城镇化发展。西北地区农业用水占比大, 比较效益低下, 但工业和城镇发展水资源需求难以保障。建议充分发挥市场机制，将水资源从丰水区域向缺水区域、从利用效益低的使用者向效益高的使用者转让，在不增加用水总量条件下保障高效益行业用水，支撑城镇化和工业化发展。建议加快推动西部调水工程建设论证，解放思想，开拓思路，深入研究和论证西部调水工程，为黄河上中游、河西走廊和新疆等西北干旱地区提供水资源保障。改变西部大面积荒漠状态，构筑稳定的生态屏障。大面积开发后备耕地，彻底解决国家粮食安全问题。大规模开展西部能源资源开发，支撑东疆、宁夏宁东、内蒙古鄂尔多斯、陕西陕北榆林和甘肃陇东等能源工业基地建设。

京津冀地下水超采地区，建议控制水资源消耗强度，调减地下水严重超采区粮食生产任务。从可持续利用的角度统筹地下水保护与粮食安全的关系，在地下水严重超采区调减粮食生产任务指标，控制地下水灌溉面积和地下水取用量，实施大规模的轮耕休耕等制度。对于没有地表水替代的深层地下水灌区，逐步取消深层地下水灌溉，将深层地下水作为战略储备水源，切实避免饮鸩止渴、涸泽而渔的地下水利用方式。建议优化国家地下水综合治理措施，在地下水超采综合治理试点区，限制和鼓励两种矛盾的补贴政策并行存在，农民在权衡地下水压采休耕补贴和种粮补贴的矛盾中选择，地方政府在地下水安全和"强调稳定灌溉面积和保障粮食安全"的压力下无所适从。建议在当前国家粮食总体安全的背景下，从长远粮食安全和生态安全目标出发，在当前特定阶段，切实把地下水严重超采区的地下水治理保护作为第一目标，整合粮食补贴与休耕补贴政策。同时，建议在地下水严重超采区取消灌溉用电优惠，统筹考虑农业电价和水价改革，充分发挥价格杠杆作用，并将新增加的农民电费全部返还用于本区域农业节水，总体上不增加农民负担，既能强化农民节水意识，又能保障农民种粮积极性和种粮效益。建议加强水-能综合管理，在协同发展框架下，深化研究水-能纽带关系，打破部门约束，在水资源规划中充分考虑能源因素，在能源规划中考虑水资源影响等。

10.2　展　　望

（1）开展气候变化和"双碳"目标下的纽带关系研究

为实现气候变化对能源与水资源安全的最小化影响，保障"双碳"目标的顺利实施，需开展气候变化背景下水-能源-碳排放三者的协调发展研究。一是提高极端气候变化影响下化石能源行业安全生产、稳定运行、增产高产的能力；二是避免大旱大涝的重大影响，提高水资源保障经济社会可持续发展能力；三是重视气象灾害和气候变化影响，通过多种手段增强能源与水系统适应气候变化能力。

（2）研发能源开发利用保水节水减排技术与装备

为进一步降低能源开发的生态环境影响，提高用水效率，创新颠覆性技术和深度超常规替代技术是重要的发展方向，具体包括在取用水、采出水、污水处理等各个环节采取有效节水技术，进一步强化水的循环再生利用；发展适度压裂技术，在保证最大化动用井间储量的同时，合理设计水力压裂最优规模，减少水资源用量；利用氮气泡沫压裂、二氧化碳压裂和液化石油气压裂技术代替水作为压裂介质，进行储层改造，提高单井产量。

（3）加大水资源开发利用节能降耗减排技术与装备研发

水的开发、利用和再生回用需能源支撑，随着水资源开发利用难度的增加，解决高耗能问题是保障水资源安全的重要议题。尤其需要在黄河上中游、南水北调受水区等典型地区，研发低耗能集约化节水配水及非常规水源开发利用工程技术及设备。一方面在具备海水淡化的地区，研发分布式可再生能源微网技术，直接利用风能、太阳能等清洁能源发电生产高品质的生活和饮用水，解决海水淡化的新能源利用问题；另一方面加大水污染治理领域新工艺、新产品的研究，推广排放少、能耗小、成本低的污水处理技术，缓解目前治污过程高耗能的现状。

（4）加强水能资源开发科学规划与生态智能管理技术

在信息化战略以及新时代水利发展改革的驱动下，水能资源开发应充分借助信息技术飞速发展的契机，探索进一步提升水能开发规划和生态管理的智慧化水平。具体包括结合遥感、地理信息系统和多维决策技术，综合考虑水–能–粮食关系、灾害风险、气候变化、环境保护和社会经济，建立流域可持续水电开发优化规划评估模型；借鉴适应性管理理念，利用最大互信息系数、受试者工作特征曲线等新一代数据挖掘方法，以及深度学习、强化学习等人工智能算法，从需求量化、方案设计、效果评估等关键环节，创新水电生态环保措施的运行管理技术，形成具有效果反馈机制的生态环保措施适应性闭环管控体系。

（5）创新能源与水综合管理政策与机制

通过机制创新保障能源与水的协同安全是实现能源与水综合管理的必然选择。加强非常规水源利用，将矿井涌出水作为地下水纳入水量控制指标，避免水账不清、水量浪费；积极探索海绵矿区建设，通过水量–水质–水生态协同管理，提高矿区水资源利用效率；探索建立能源基地供水保障机制，在水资源承载能力允许的前提下，最大程度保障能源基地供水能力；完善与能源行业相关的水权交易、生态补偿和阶梯水价机制，促进能源行业进一步节水，保障区域水资源和水生态环境系统的安全稳定。

参 考 文 献

曹永旺，杨天伟．2012．CPR1000滨海核电站用水量分析．给水排水，(S1)：318-321.

傅崇辉，郑艳，王文军，等．2014．应对气候变化行动的协同关系及研究视角探析．资源科学，36 (7)：1535-1542.

高津京．2012．我国水资源利用与电力生产关联分析．天津：天津大学．

郭磊，黄本胜，邱静，等．2013．核电站淡水用水特征综合分析研究．水利学报，39 (5)：615-621.

郭有，李达然，贲岳．2011．内陆核电水源供水保证率选取．水利水电技术，42 (12)：9-11.

何洋，纪昌明，石萍．2015．水电站蓝水足迹的计算分析与探讨．水电能源科学，(2)：37-41.

Holst D R, Mensbrugghe D. 2009．政策建模技术：CGE模型的理论与实现．李善同，段志刚，胡枫，译．北京：清华大学出版社．

洪凯．2013．农田水利管理效率的空间差异研究——基于空间计量经济模型．杭州：杭州电子科技大学．

姜秋，靳顶．2011．滨海核电站用水合理性分析中的问题与对策．广东水利水电，(11)：19-21.

姜珊．2017．水-能源纽带关系解析与耦合模拟．北京：中国水利水电科学研究院．

康亮，王俊有．2008．火电厂节水降耗措施．电力环境保护，(2)：40-43.

李昌彦，王慧敏，佟金萍，等．2014．基于CGE模型的水资源政策模拟分析——以江西省为例．资源科学，36 (1)：84-93.

李璐．2012．城市水资源终端消费过程中的能耗分析——以北京市家庭生活用水为例．北京：中国科学院研究生院．

李雪松．2000．加入WTO对中国经济影响的CGE模型比较分析．数量经济技术经济研究，17 (10)：21-24.

廖世克，王湘艳，朱凌志，等．2013．太阳能热发电系统中的水消耗问题研究．宁夏电力，(1)：35-40.

林斯清．2001．海水和苦咸水淡化．水处理技术，27 (1)：57-62.

刘乐，凌小燕，李骅，等．2014．生物质能源的发展研究．中国农机化学报，35 (5)：195-199.

刘丽婷．2012．CGE模型对中国劳动就业政策模拟分析．广州：华南理工大学．

罗承先．2010．太阳能发电的普及与前景．中外能源，15 (11)：33-39.

罗小丽．2012．开发风电资源实现再生资源的可持续发展．中国高新技术企业，(18)：104-106.

马广鹏，张颖．2013．中国生物质能源发展现状及问题探讨．农业科技管理，32 (1)：20-22.

宁淼，姜楠，钟玉秀，等．2009．我国发展生物能源的水资源需求及其保障度分析．中国软科学，(6)：11-18.

秦长海．2013．水资源定价理论与方法研究．北京：中国水利水电科学研究院．

沈恬，陈远生，杨琪．2015．城市家庭用水能耗强度及其影响因素分析．资源科学，(4)：744-753.

宋轩，耿雷华，杜霞，等．2008．我国火电工业取用水量及其定额分析．水资源与水工程学报，19（6）：64-66．

王炳轩．2016．石化企业用水水平评价研究．咸阳：西北农林科技大学．

王灿，陈吉宁，邹骥．2005．基于 CGE 模型的 CO_2 减排对中国经济的影响．清华大学学报（自然科学版），45（12）：1621-1624．

王浩，王建华，贾仰文．2016．海河流域水循环演变机理与水资源高效利用．北京：科学出版社．

王建华．2014．社会水循环原理与调控．北京：科学出版社．

王建华．2015．苦咸水高含沙水利用与能源基地水资源配置关键技术及示范．北京：中国水利水电出版社．

王婷，田秉晖，闫浩文，等．2013．基于全生命周期的生物质能水资源扰动风险评价——以油菜籽生物柴油为例．可再生能源，31（2）：84-89．

王伟荣，张玲玲．2014．最严格水资源管理制度背景下的水资源配置分析．水电能源科学，（2）：38-41．

魏传江．2009．GAMS 用户指南．北京：中国水利水电出版社．

魏伟，张绪坤，祝树森，等．2013．生物质能开发利用的概况及展望．农机化研究，（3）：7-11．

吴晓东．2014．某钢铁厂水平衡测试及节水措施研究．人民长江，（S2）：227-228，231．

细江敦弘．2014．可计算一般均衡模型导论．大连：东北财经大学出版社．

项潇智，贾绍凤．2016．中国能源产业的现状需水估算与趋势分析．自然资源学报，（1）：114-123．

杨岚，毛显强，刘琴，等．2009．基于 CGE 模型的能源税政策影响分析．中国人口·资源与环境，19（2）：24-29．

杨凌波，曾思育，鞠宇平，等．2008．我国城市污水处理厂能耗规律的统计分析与定量识别．给水排水，34（10）：42-45．

杨琪．2014．城市居民家庭生活用水过程中的能耗分析．兰州：西北师范大学．

张士锋，徐立升．2007．海河南系平原浅层地下水开采能耗及其空间分布．地理研究，26（5）：949-956．

张欣．2010．可计算一般均衡模型的基本原理与编程．上海：格致出版社．

赵丹丹，刘俊国，赵旭．2014．基于效益分摊的水电水足迹计算方法——以密云水库为例．生态学报，（10）：2787-2795．

周宾．2011．水资源系统"易"理论构建与 SD 仿真实证研究．兰州：兰州大学．

周广科，田光辉，李文玲．2010．南水北调东线省界工程征地移民工作实践与思考．水利建设与管理，30（8）：33-35．

周孝信，鲁宗相，刘应梅，等．2014．中国未来电网的发展模式和关键技术．中国电机工程学报，29：4999-5008．

周学文．2011．我国水情知多少．时事报告，（11）：72-73．

朱艳霞，纪昌明，周婷，等．2013．梯级水电站群发电运行的水足迹研究．水电能源科学，（2）：87-90．

左建兵，刘昌明，郑红星．2008．北京市电力行业用水分析与节水对策．给水排水，34（6）：56-60．

Ackerman F, Fisher J. 2013. Is there a water-energy nexus in electricity generation? Long-term scenarios for the western United States. Energy Policy, 59（8）：235-241.

Ali B, Kumar A. 2015. Development of life cycle water-demand coefficients for coal-based power generation technologies. Energy Conversion and Management, 90: 247-260.

Ayres A. 2014. Germany's water footprint of transport fuels . Applied Energy, 113: 1746-1751.

Bertrand A, Mastrucci A, Schüler N, et al. 2017. Characterisation of domestic hot water end-uses for integrated urban thermal energy assessment and optimisation . Applied Energy, 186 (2): 152-166.

Brizmohun R, Ramjeawon T, Azapagic A. 2015. Life cycle assessment of electricity generation in Mauritius. Journal of Cleaner Production, 106: 565-575.

Byers E A, Hall J W, Amezaga J M. 2014. Electricity generation and cooling water use: UK pathways to 2050. Global Environmental Change, 25: 16-30.

Center for Sustainable Systems, University of Michigan. 2022. U. S. Wastewater Treatment Factsheet. Pub No. CSS04-14.

Chang Y, Huang R, Ries R J, et al. 2015. Life-cycle comparison of greenhouse gas emissions and water consumption for coal and shale gas fired power generation in China. Energy, 86: 335-343.

Chen S, Chen B. 2012. Network environ perspective for urban metabolism and carbon emissions: A case study of Vienna, Austria . Environmental Science & Technology, 46 (8): 4498-4506.

Chen S, Chen B. 2016. Urban energy-water nexus: A network perspective . Applied Energy, 184 (15): 905-914.

Committee on Advancing Desalination Technology, National Research Council . 2008. Desalination: A National Perspective . Washington: National Academies Press.

Dale L L, Karali N, Millstein D, et al. 2015. An integrated assessment of water-energy and climate change in sacramento, california: How strong is the nexus? Climatic Change, 132 (2): 223-235.

Dasgupta S, Laplante B, Wang H, et al. 2002. Confronting the Environmental Kuznets Curve. Journal of Economic Perspectives, 16 (1): 147-168.

Davies E G R, Kyle P, Edmonds J A. 2013. An integrated assessment of global and regional water demands for electricity generation to 2095. Advances in Water Resources, 52: 296-313.

DeNooyer T A, Peschel J M, Zhang Z, et al. 2016. Integrating water resources and power generation: The energy-water nexus in Illinois. Applied Energy, 162: 363-371.

Duan C, Chen B. 2016. Energy-water nexus of international energy trade of China . Applied Energy, 10: 725-734.

EPRI. 2012. US water consumption for power production-the next half century. Water & Sustainability. Palo Alto: Electric Power Research Institute.

EPSI. 2002. Water & Sustainability (Volume 4) _ U. S. Electricity Consumption for Water Supply & Treatment - The Next Half Century. Palo Alto: Electric Power Research Institute.

Ewing B R, Hawkins T R, Wiedmann T O, et al. 2012. Integrating ecological and water footprint accounting in a multi-regional input-output framework. Ecological Indicators, 23 (4): 1-8.

Fang D, Chen B. 2016. Linkage analysis for the water-energy nexus of city . Applied Energy, 189: 770-779.

Fath B D, Patten B C. 1999. Review of the Foundations of Network Environ Analysis . Ecosystems, 2 (2): 167-179.

Feng K, Chapagain A, Suh S, et al. 2011. Comparison of bottom-up and top-down approaches to calculating the water footprints of nations . Economic Systems Research, 23 (4): 371-385.

Feng K, Hubacek K, Siu Y L, et al. 2014. The energy and water nexus in Chinese electricity production: A hybrid life cycle analysis . Renewable & Sustainable Energy Reviews, 39 (6): 342-355.

Gerbens-Leenes P W, Hoekstra A Y, Meer T H V D, et al. 2008. Water footprint of bio-energy and other primary energy carriers. Value of Water Research Report Series No. 29. UNESCO-IHE Institute for Water Education.

Gleick P H. 1994. Water and energy . Annu Rev Energy Environ, 19: 267-299.

Gu A, Teng F, Lv Z. 2016. Exploring the nexus between water saving and energy conservation: Insights from industry sector during the 12th Five-Year Plan period in China . Renewable & Sustainable Energy Reviews, 59: 28-38.

Guo R, Zhu X, Chen B, et al. 2016. Ecological network analysis of the virtual water network within China's electric power system during 2007-2012. Applied Energy, 168: 110-121.

Hamiche A M, Stambouli A B, Flazi S. 2016. A review of the water-energy nexus . Renewable & Sustainable Energy Reviews, 65: 319-331.

Hoekstra A Y. 2003. Virtual water trade Proceedings of the International Expert Meeting on Virtual Water Trade. Value of Water Research Report Series. The Netherlands: IHE Delft.

Jacobson M Z. 2009. Review of solutions to global warming, air pollution, and energy security . Energy Environ. Sci. , 2 (2): 148-173.

Kahrl F, Roland-Holst D. 2008. China's water-energy nexus . Water Policy, 10 (S1): 51-65.

Kennedy C, Pincetl S, Bunje P. 2011. The study of urban metabolism and its applications to urban planning and design . Environmental Pollution, 159 (8-9): 1965.

Kyle P, Davies E, Dooley J, et al. 2013. Influence of climate change mitigation technology on global demands of water for electricity generation. International Journal of Greenhouse Gas Control, 13: 112-123.

Li X, Liu J, Zheng C, et al. 2016. Energy for water utilization in China and policy implications for integrated planning . International Journal of Water Research Development, 32 (3): 477.

Lu Y, Chen B. 2016. Energy-Water Nexus in Urban Industrial System . Energy Procedia, 88: 212-217.

Malik R P S. 2002. Water-Energy Nexus in Resource-poor Economies: The Indian Experience . International Journal of Water Resources Development, 18 (1): 47-58.

Okadera T, Chontanawat J, Gheewala S H, et al. 2014. Water footprint for energy production and supply in Thailand. Energy, 77: 49-56.

Oki T, Kanae S. 2006. Global hydrological cycles and world water resources. Science, 313 (5790): 1068-1072.

Pacetti T, Lombardi L, Federici G. 2015. Water-energy Nexus: A case of biogas production from energy crops evaluated by Water Footprint and Life Cycle Assessment (LCA) methods . Journal of Cleaner Production, 101: 278-291.

Pyatt G J I R. 1977. Social Accounting Matrices for Development Planning . Reviews of Income, 4 (23): 339-364.

Qin Y, Curmi E, Kopec G M, et al. 2015. China's energy-water nexus - assessment of the energy sector's compliance with the "3 Red Lines" industrial water policy. Energy Policy, 82 (1): 131-143.

Scott C A, Pierce S A, Pasqualetti M J, et al. 2011. Policy and institutional dimensions of the water– energy nexus. Energy Policy, 39: 6622-6630.

Shang Y, Wang J, Liu J, et al. 2016. Suitability analysis of China's energy development strategy in the context of water resource management. Energy, 96 (3): 286-293.

Shannon M A, Bohn P W, Elimelech M, et al. 2008. Science and technology for water purification in the coming decades. Nature, 452 (7185): 301-310.

Singh S, Kumar A, Ali B. 2011. Integration of energy and water consumption factors for biomass conversion pathways. Biofuels Bioproducts & Biorefining, 5 (4): 399-409.

Stamford L, Azapagic A. 2012. Life cycle sustainability assessment of electricity options for the UK. International Journal of Energy Research, 36 (14): 1263-1290.

Stillwell A S, King C W, Webber M E, et al. 2011. The energy-water nexus in Texas . Ecology & Society, 16 (1): 209-225.

Stillwell A S, King C W, Webber M E. 2010. Desalination and long-haul water transfer as a water supply for Dallas, Texas: A case study of the energy-water nexus in Texas. Texas Water Journal, 1 (1): 33-41.

Topi C, Esposto E, Govigli V M. 2016. The economics of green transition strategies for cities: Can low carbon, energy efficient development approaches be adapted to demand side urban water efficiency? Environmental Science & Policy, 58: 74-82.

Torcellini P, Long N, Judkoff R. 2004. Consumptive water use for U. S. power production . Ashrae Transactions, (1): 110.

Twomey K M, Webber M E. 2011. Evaluating the energy intensity of the US public water system. American Society of Mechanical Engineers, (1): 10.

US Department of Energy. 2006. Energy demands on water resources: Report to Congress on the interdependency of energy and water.

van Ruijven B, Cian E D, Wing I S . 2019. Amplification of future energy demand growth due to climate change. Nature Communications, 10 (1): 2762.

Vilanova M R N. 2015. Exploring the water-energy nexus in Brazil: The electricity use forwater supply . Energy, 85: 415-432.

Wang J X, Rothausen S G S A, Conway D, et al. 2012. China's waterenergy nexus: greenhouse-gas emissions from groundwater use for agriculture. Environmental Research Letters, 7: 14-35.

Wang S, Chen B. 2016. Energy-water nexus of urban agglomeration based on multiregional input-output tables and ecological network analysis: A case study of the Beijing-Tianjin-Hebei region. Applied Energy, 178: 773-783.

Webber M E. 2007. The water intensity of the transitional hydrogen economy. Environmental Research Letters, 2

（3）：34007.

WEC（World Water Council）. 2010. Water for Energy. London：World Energy Council.

WWAP（UNESCO World Assessment Programme）. 2019. The United Nations World Water Development Report 2019：Leaving No One Behind. Paris：UNESCO.

Yang H, Zhou Y, Liu J. 2009. Land and water requirements of biofuel and implications for food supply and the environment in China. Energy Policy, 37（5）：1876-1885.

Yang Y J, Goodrich J A. 2014. Toward quantitative analysis of water-energy-urban-climate nexus for urban adaptation planning . Current Opinion in Chemical Engineering, 5：22-28.

Zhao Y, Zhu Y, Lin Z, et al. 2017. Energy reduction effect of the South-to-North Water Diversion Project in China. Scientific Reports, 7（1）：15956.

Zhou Y, Zhang B, Wang H, et al. 2013. Drops of energy：Conserving urban water to reduce greenhouse gas emissions . Environmental Science & Technology, 47（19）：10753-10761.

Zhu X, Guo R, Chen B, et al. 2015. Embodiment of virtual water of power generation in the electric power system in China. Applied Energy, 151：345-354.